青少年

应该知道的生物知识

YING GAI ZHI DAO DE
SHENG WU ZHI SHI

李辰哲 宋琪 编著

防寒保暖，□□□□□□□□昼夜恒定或昼季节下，昼夜温差较大，特别是清晨下班，室内外温差更大，"夜班族"要及时加衣，注意防寒保暖，因为加班后身体疲劳，免疫力会相对降低，容易发生感冒并因此而诱发其他疾病。

适当参与文体活动。夜班工作者由于白天活动量很小，尤其要注意做一些适当的文体活动，可达到迅速解除或减轻疲劳的目的。尤其是大多数从事脑力劳动或局部体力劳动的人，应加强全身性活动，并多参加轻松愉快的娱乐活动。

保持积极乐观的心态。值夜班的人要性格开朗，尽可能抽时间与家人和朋友交流，争取家人的关心体贴、理解和支持，同时也不要对上夜班产生恐惧心理，人都具有很强的适应能力，相信如能加强自身保健，"夜班族"同样可以享受"带月荷锄归"的美好心境。

"日出而作，日落而息。"这是长期以来人类适应环境的结果。熬夜会损害身体健康。因为，人体肾上腺皮质激素和生长激素都是在夜间睡眠时才分泌的。前者在黎明前分泌，具有促进人体糖类代谢、保障肌肉发育的功能；后者在人睡后方才产生，既促进青少年的生长发育。也能延缓中老年人衰老。故一天中睡眠最佳时间是晚上10时到凌晨6时。

经常熬夜的人，应采取哪能些自我保健措施呢？一是加强营养，应选择量少质高的蛋白质、脂肪和维生素B族食物如牛奶、牛肉、猪肉、鱼类、豆类等，也可吃点干果如核桃、大枣、桂圆、花生等，这样可以起到抗疲劳的功效。二是加强锻炼身体。可根据自己的年龄和兴趣进行锻炼，提高身体素质。熬夜中如感到精力不足或者欲睡，就应做一会儿体操、太极拳或到户外活动一下。

云南大学出版社

图书在版编目（CIP）数据

青少年应该知道的生物知识／李辰哲编著. —— 昆明：云南大学出版社，2010
ISBN 978 - 7 - 5482 - 0139 - 7

Ⅰ.①青… Ⅱ.①李… Ⅲ.①生物学 - 青少年读物 Ⅳ.①Q - 49

中国版本图书馆 CIP 数据核字（2010）第 105373 号

青少年应该知道的生物知识

李辰哲　编著

责任编辑：于　学
封面设计：五洲恒源设计
出版发行：云南大学出版社
印　　装：北京市业和印务有限公司

开　　本：710mm×1000mm　1/16
印　　张：15
字　　数：200 千
版　　次：2010 年 6 月第 1 版
印　　次：2010 年 6 月第 1 次印刷
书　　号：978 - 7 - 5482 - 0139 - 7
定　　价：28.00 元

地　　址：云南省昆明市翠湖北路 2 号云南大学英华园
邮　　编：650091
电　　话：0871 - 5033244　5031071
网　　址：http://www.ynup.com
E - mail：market@ynup.com

序　言

　　当前全国正兴起讨论和实施如何全面提高中华民族的科学素质问题。这些关系到国家、民族的兴旺发达和长治久安。青少年是国家的未来，是国家的希望，是早晨的太阳！青少年的素养直接关系到国家的未来。

　　青少年应该具有什么样的科学素养，从青少年个人发展来看有三个需要。第一，青少年自身全面发展和终身发展的需要。青少年所处的年龄段，正好是一个人长身体、学知识、培养能力和形成正确的世界观、人生观、价值观的时期。全面提高自己的科学素质，是青少年自身全面发展的迫切需要，也是青少年为将来终身学习与发展奠定基础的需要。第二，青少年未来生活和工作的需要。现在的青少年十年以后就是我国社会主义建设的生力军。青少年到那时如要成为合格的具有科学发现能力的科学家，具有技术发明能力的工程师和技术员，善于掌握先进技术并勤于改进现有技术的技术工人，具有强烈市场意识和商业运作能力的营销人员，和具有创新意识和管理能力的企业家，那么现在就得努力学习、刻苦实践，逐步养成良好的科学素质。我们国家事业的发展还需要千千万万个领导干部、教育工作者、文艺工作者、人文工作者和共和国卫士，要做好这些岗位的工作，除了专业知识和技能以外，仍然需要良好的科学素质，这都对现在的青少年科学素质的培养提出了很现实的要求。第三，青少年未来参与竞争的需要。现在，我国实行的是社会主义市场经济，在加入WTO以后我国将全方位地进入世界经济，这是一个道地的市场经济。因此现在的中学生在十年以后走向工作岗位时，面临的是一个充满着竞争的世界。届时要取得一个好的工作岗位以维持高水平和高质量的生活水准，要使自己的工作在竞争的环境当中取得业绩，必须要有较强的竞争力。而科学素质的高低就是这种竞争力的重要指标之一。

在当代，科学技术对社会进步的作用越来越明显。科学技术已经渗透到人们的生活和工作的方方面面，正在迅速改变着人们的生活方式和工作方式，青少年应该积极地顺应这种变化，将自己的生活和学习导入文明、科学的轨道，形成一种科学的、文明的和健康的生活方式，提高自己的科学素质。

二十一世纪将是生物学的世纪。生物工程产业将成为二十一世纪支柱产业。中国生物工程产业的崛起，必将成为二十一世纪国民经济新的增长点。现代生物学在二十世纪取得了最辉煌的发展，首先，生命科学将成为带头学科，并将为其它学科的研究和发展提供新的思路和方法；其次，生物工程产业将成为二十一世纪支柱产业。人类基因组计划的完成极大地推进医学、农业、能源、环境等诸多方面的发展，转基因生物的诞生为我们生产出了有更高价值的食品和药品，转基因番茄、玉米、棉花，转基因试管牛等等，极大地改变了我们的生活！干细胞与组织工程的发展，可以从患者身体取出一个细胞，在体外培养成组织、器官，再移植给患者。不久的将来，人工皮肤、人工血管、人工软骨、人工耳朵等将变成现实。正因为生物科学与人类有着密切的关系，所以生物学被列为中学阶段必修课之一。同学们，让我们认真学好生物学，加入到生命科学研究的行列中去，在生活中去发现生物的奥秘，去体会生物所来的乐趣，在这里你会发现一个对人类发展有着重大作用的无穷奥秘的大千世界。

生命是最为奇妙的一种自然现象，生命科学的发展突飞猛进，正不断的改变着我们对生活的认识与体会。我想，我试图奉献给各位读者的，不仅仅是这本集子，还有生命现象所具有的科学魅力。

《青少年应该知道的生物知识》在编写中既注重拓宽广大中学生的知识视野，又兼顾提高青少年开拓和观察认识世界的兴趣与能力。全书内容广泛，知识面广，选材适当，生动活泼的文字更增加了趣味性与可读性。在本图书编写中力图简单明了、全面、完整、准确。即是广大青少年朋友难得的优秀课外辅导读物，也是中学教师和家长为全面提升青少年综合素质，打好人生基础，摄取各方面知识提供又一取之不尽的知识源泉。《青少年应该知道的生物知识》适用于广大青少年各科教师提高本学科水平和能力的重要参考用书，并具有较高的保存及馈赠价值，也是各单位资料室、学校图书馆、家庭书架必备的知识宝典。

李辰哲　宋琪

2010 年 1 月于常州市第一中学

目　　录

第一章　生理卫生常识 ………………………… 1

　第一节　体育锻炼的生理卫生常识 ……………… 1

　第二节　体育锻炼的一般常识 …………………… 5

　第三节　常见运动损伤和运动性疾病的急救及处理……… 19

　第四节　青春期少女生理卫生常识 ……………… 28

　第五节　青春期少男生理卫生知识……………… 38

第二章　宠　物 ………………………………… 43

　第一节　猫………………………………………… 43

　第二节　狗………………………………………… 50

　第三节　鸽子……………………………………… 71

　第四节　兔子……………………………………… 81

　第五节　饲养宠物应该注意的事项……………… 89

第三章　疾病 …………………………………………… 94

第一节　艾滋病 …………………………………………… 94

第二节　甲型 H1N1 流感病毒 ………………………… 109

第三节　狂犬病 …………………………………………… 113

第四节　手足口病 ………………………………………… 118

第五节　流行性乙型脑炎 ………………………………… 121

第六节　乙型病毒性肝炎 ………………………………… 126

第七节　过敏性鼻炎 ……………………………………… 133

第八节　缺钙 ……………………………………………… 139

第九节　神经衰弱 ………………………………………… 142

第十节　营养不良 ………………………………………… 147

第四章　生物毒素 ……………………………………… 152

第一节　毒品 ……………………………………………… 152

第二节　蝎毒 ……………………………………………… 160

第三节　蛇毒 ……………………………………………… 164

第四节　蜂毒 ……………………………………………… 170

第五节　蜘蛛毒 …………………………………………… 173

第六节　蜈蚣毒 …………………………………………… 175

第七节　黄曲霉毒素 ……………………………………… 178

第五章　生活保健小知识 ……………………………… 183

第一节　吃鸡蛋的 10 个误区 …………………………… 183

第二节　碘酒、红汞不能混用 …………………………… 187

第三节　冬季护肤宜选五类食物 ………………………… 187

第四节　多吃含有维 C 水果缓解酒后不适 …………… 188

第五节　经常熬夜应该怎样进行食补 ……………… 189

第六节　熬夜族的饮食保健 …………………………… 191

第七节　长期上网久坐少运动会伤心脑损骨肉 … 192

第八节　羊肉与什么一起食用容易致病 …………… 194

第九节　触电的急救的相关知识 …………………… 196

第十节　游泳自救的方法 …………………………… 198

第十一节　中考、高考阶段的营养需要 …………… 200

第十二节　视力保护 ………………………………… 204

第十三节　早晨赖床有碍健康 ……………………… 205

第六章　生活中常见的生物 ……………………… 207

第一节　苍蝇 ………………………………………… 207

第二节　马蜂 ………………………………………… 211

第三节　青蛙 ………………………………………… 214

第四节　蚊子 ………………………………………… 216

第五节　蚰蜒 ………………………………………… 221

第六节　米蛾 ………………………………………… 223

第七节　老鼠 ………………………………………… 225

第一章　生理卫生常识

第一节　体育锻炼的生理卫生常识

人体是由神经系统、循环系统、呼吸系统、运动系统、消化系统、排泄系统、生死系统、内分泌和感觉器官等组成。体育活动亦是人体各器官系统协调配合所完成的，同时，体育锻炼又可以对各器官系统的活动产生良好影响。

一、体育锻炼对运动系统的影响

人体的各种运动都是骨骼肌收缩产生力量作用于骨骼，骨骼绕着关节运动所完成的。运动系统包括骨、关节、肌肉三部分，体育锻炼可以对运动系统产生良好影响。

1. 体育锻炼对骨的良好影响

人体长期从事体育锻炼，通过改善骨的血液循环，加强骨的

机关报陈代谢，使骨径增粗，肌质增厚，骨质的排列规则、整齐，并随着骨形态结构的良好变化，骨的抗折、抗弯、抗压缩等方面的能力有较大提高。人体从事体育锻炼的项目不同，对人体各部分骨的影响也不同。经常从事以下肢活动为主的项目，如跑、跳等，对下肢骨的影响较大；而从事以上脚活动为主的项目，如举重、投掷等，由对上脚骨的影响较大。体育锻炼的效果并不是永久的，当体育锻炼停止后，对骨的影响作用也会逐渐消失，因此，体育锻炼应经常化。同时，体育锻炼的项目要多样化，以免造成骨的畸形发展。

2. 体育锻炼对关节的影响

科学、系统的体育锻炼，即可以提高关节的稳定性，又可以增加关节的灵活性和运动幅度。体育锻炼可以增加关节面软骨和骨密度的厚度，并可使关节周围的肌肉发达、力量增强、关节囊和韧带增厚，因而可使关节的稳固性加强，使关节随圈套的负荷。在增加关节稳固性的同时，由于关节囊、韧带和关节周围肌肉的弹性和伸展性提高，关节的运动幅度和灵活性也大大增加。

3. 体育锻炼对肌肉的影响

体育锻炼对肌肉的良好影响表现在多个方面：（1）肌肉体积增加。（2）肌肉力量增加。（3）肌肉弹性增加。有良好体育锻炼习惯的人，在运动时经常从事一些牵拉性练习，从而可使肌肉的弹性增加，这样可以避免人体在日常活动和体育锻炼过程中由于肌肉的剧烈收缩而造成各种运动损伤。

二、体育锻炼对心血管系统的影响

体育锻炼对心血管系统的良好影响：

1. 使窦性心动徐缓

体育锻炼，特别是长时间小强度体育活动可使人体安静时心

青少年应该知道的生物知识

率减慢，这种现象称为窦性心动徐缓。窦性心动徐缓现象被认为是机体对体育锻炼的适应性瓜赈率的下降可使心脏有更长的休息期，以减少心肌疲劳。

2. 每搏输出量增加

经常参加体育锻炼的人或运动员无论安静和运动状态下，每搏输出量均比一般正常人高。特别是在运动状态下，每搏输出量的增加就更为明显，这种变化使人本在体育锻炼时有较大的心输出量，以满足机体代谢的需要。

3. 血管弹性增加

体育锻炼可以增加务管壁的弹性，这对老年人来说是十分有益的。老年人随着年龄的增加，血管壁弹性逐渐下降，因而可诱发老年性高血压等老年性疾病。老年人通过体育锻炼，可增加血管壁的弹性，以预防或缓解老年性高血压症状。

三、体育锻炼对血液的影响

1. 血液的组成

血液是存在于心血管系统内的流动组织，它包括细胞和液体两部分。细胞部分是指血液的有形成份，总称为血细胞。液体部分称为血浆。血细胸分为红细胞、白细胞和血小板。其中红细胞，是血细胞中数量最多的一种。正常成年男子的红细胞数量为 450～550 万/立方厘米，平均为 500 万；成年女子为 380～460 万/立方厘米，平均为 420 万。红细胞的主要功能为运输氧气和二氧化碳、缓冲血液酸碱度的变化。白细胞无色，体积比红细胞大。正常人安静时血液中的白细胞数量为每立方厘米 5000～9000 个，其生理变动范围较大，进食后、炎症、月经期等都可引起白细胞数量的变化。血小板无核，又称血栓细胞。正常人的血小板含量为 10～30 万/立方厘米，血小板数量也随不同的机能状态有较大的变化。

2. 体育锻炼对血液的影响

体育锻炼对红细胞数量的影响。体育锻炼对红细胞数量可产生良好的作用，主要表现在可使红细胞偏低的人红细胞含量增加。有研究工作者证实，运动员和经常参加体育锻炼的人安静时红细胞数量比不参加体育锻炼的人略高。但人体内的红细胞数量并不是越多越好，红细胞数量过多，会增加血液的粘滞性，加重心脏负担，对机体也是不利的。因此，体育锻炼可使红细胞数量偏少的人有所回升，但不会使红细胞数量过多。体育锻炼对血红蛋白会计师的影响基本同红细胞的变化。

体育锻炼对白细胞数量和免疫机能的影响。体育锻炼是否能提高机体的抗疾病能力主要与白细胞数量及免疫蛋白含量有关。研究证实，合理的体育锻炼可以提高白细胞的数量和功能，特别是可以提高白细胞分类中具有重要作用的淋马细胞的数量，这对于提高机体的疾病能力是至关重要的。另外，体育锻炼还可以提讯本内的自然杀伤细胞数量和免疫球蛋白水平，亦可有效地提高机体抗病、防病的能力。

四、体育锻炼对呼吸系统的影响

人体的呼吸系统主要包括呼吸道和肺泡。呼吸疲乏按其解剖结构可分为上呼吸道和下呼吸道。上呼吸疲乏有鼻、咽、喉组成，下呼吸道包括所管和各级支气管。呼吸道是气体进入肺组织的通路，呼吸道能分泌粘液、浆液，具有润湿和净化空气的作用。呼吸道不具备气体交换功能。肺泡是胴组织的基本构成单位，是气体交换的场所。肺的重要功能之一是通过呼吸运动实现肺通气功能。肺的呼吸运动主要是由呼吸肌的收缩完成的。

体育锻炼对呼吸系统的良好影响：肺活量增加。肺少量是徇少年儿童生长发育和健康水平的重要指标。经常参加体育锻炼，特别是做一些伸展护胸运动，可使呼吸肌力量增强，胸廓扩大，有利于肺组织的生长发育和肺的扩张，使肺活量增加。另外，体育锻炼时，经常性的深呼吸运动，也可促进肺活量的增长。大量实验证实，经常参加体育锻炼的人，肺活量值高于一般人。肺通气量增加。体育锻炼由于加强了呼吸力量，可使呼吸深度增加，以有效地增加肺的通气效率，因为在体育锻炼时如果过快地增加呼吸频率，会使气体往返于呼吸道，使其画龙点睛进入肺内的气体量反而减少。适当地增加呼吸频率，从而使运动时的肺通气量大大增加。研究表明，一般人在运动时肺通气量能增加到60升/分左右，有体育锻炼习惯的人运动时肺通气量可达100升/分以上。氧利用能力增加。体育锻炼不仅可以提高肺的通气能力，更重要的是可以提高机体利用氧的能力。一般人在进行体育活动时只能利用其氧最大摄入量的60%左右，而经过体育锻炼后可以使这种能力大提高，体育活动时，即使氧气的需要量增加，也能满足机体的需要，而不致使机体过分缺氧。

第二节　体育锻炼的一般常识

"生命在于运动"，而运动必须有一定的规律性，只有掌握体育锻炼的一般生理卫生知识，科学地进行体育锻炼，才能起到健身强体、防病治病的作用。

一、如何进行体育锻炼

体育锻炼可以增强体质、提高人体的健康水平，已被大量科学实验所证实。随着现代生活水平的提高，余暇时间的增多，人

们越来越意识到参加体育锻炼的必要性和可能性。但是，人们在从事体育锻炼前经常遇到一个共同问题是，怎样进行体育锻炼？对于一般人来说，在开始参加体育锻炼前，进行一般的身体检查和必要的咨询外，首先要做好以下准备：

1. 培养锻炼兴趣

在从事体育锻炼前，应首先培养锻炼者对体育活动的兴趣，这是长期进行体育锻炼的前提。培养体育锻炼兴趣的方式有很多，如观看体育比赛、与亲朋好友进行体育活动等。有了浓厚的体育锻炼兴趣，就能自觉地投入到体育锻炼之中，从而取得理想的体育锻炼效果。

2. 选择活动项目

在进行体育活动时，除根据自己的兴趣选择活动项目外，还要考虑体育锻炼者自身的条件。青少年活泼好动，可以选择一些强度较大、带有游戏性质的活动项目，如打篮球、踢足球、爬山、游泳、跳健美操等；老年人身体机能较差，应选择一些活动量相对较小、而且不容易出现运动操作的活动项目，如太极拳、跑步等；对于一些为预防或治疗某些疾病而进行的康复性体育活动，则应根据锻炼者的身体状况选择锻炼项目，并且应在医生或运动医学工作乾的指导下进行。同时，锻炼者还应根据不同的季节、气候条件确定体育锻炼项目，如冬季可进行长跑、踢足球、滑冰等运动，夏季可进行游泳、打篮球、玩排球等活动。总之，运动项目可多样化，选择的运动项目要对整体机能产生良好影响。

3. 确定运动强度

为增强体质而进行的体育锻炼主要是为了提高人体的健康水平，而不是为了创造运动成绩，所以体育锻炼的运动强度不宜过大，特别是中老年人和体育康复者更应如此。体育锻炼中控制运动强度最简单的办法是测定体育锻炼时的脉搏。虽然不同年龄和机能状况的人在体育锻炼时的最佳脉搏有所不同，但对一般体育锻炼者来说，体育锻炼时的脉搏控制在140/分左右较为合适。由于体育锻炼时运动强度相对较小，因而运动的持续时间则应相对较长。每天至少应在半小时以上。对于刚参加体育锻炼的人来说，一开始锻炼的时间宜短不宜长，以后随身体机能的适应，锻炼时间可逐渐加长。

二、体育锻炼前要做好准备活动

体育锻炼前进行充分的准备活动对于体育锻炼者来说是非常重要的，有些体育活动爱好者就是由于不重视锻炼前的准备活动而导致各种运动操作，不仅影响锻炼效果，而且影响锻炼兴趣，对体育活动产生畏惧感。因此，每个体育活动爱好者在每次锻炼前都必须做好充分的准备活动。

1. 准备活动的主要作用

（1）提高肌肉温度，预防运动操作。体育锻炼前进行一定强度的准备活动，可使肌肉内的代谢过程加强，肌肉温度增高。肌肉温度的啬，一方面可使肌肉的粘滞性下隆，提高肌肉的收缩和舒张速度，增强肌力；另一方面还可以增加肌肉、韧带的弹性和伸展性，减少由于肌肉剧烈收缩造成的运动操作。

（2）提高内脏器官的机能水平。内脏器官的机能特点之一为生理惰性较大，即当活动开始，肌肉发挥最大功能水平时，内脏器官并不能立即进入"最佳"活动状态。在正式开始体育锻炼前进行适当的准备活动，可以在一定程度上预先动员内脏器官的机能，使内脏器官的活动一开始就达到较高水平。另外，进行适当的准备活动还可以减轻开始运动时由于内脏器官的不适应所造成的不舒服感。

（3）调节心理状态。体育锻炼不仅是身体活动，而且也是心

理活动，现在越来越多的研究认为心理活动在体育锻炼中起着非常重要的作用。体育锻炼前的准备活动即可以起到这种心理调节作用，接通各运动中枢间的神经联系，使大脑皮层处地最佳的兴奋状态投身于体育锻炼之中。

2. 如何进行准备活动

一般来说，准备活动时主要应考虑准备活动的内容、时间和量。

（1）内容。准备活动可分为一般准备活动和专项准备活动。一般准备活动主要是一些全身性身体练习，主要包括跑步、踢腿、弯腰等，一般性准备活动的作用是提高整体的代谢水平和大脑皮层的兴奋状态，减少运动操作的发生；专门性准备活动是指与所从事的体育锻炼内容相适应的运动练习，如打篮球前先投篮、运球，跑步前，先慢跑等。除非进行一些专门性运动和比赛，一般人体育锻炼时只需进行一般性准备活动，即可进行正式的体育活动内容。

（2）时间和量。准备活动的量和时间随体育锻炼的内容和量而定，由于以健身为目的的体育锻炼量较小，所以准备活动的量也相对较小，时间不宜过长，否则，还未进行体育锻炼身体就疲劳了。半小时的体育锻炼，其准备活动的时间一般为 10 分钟左右。气温较低时，准备活动的时间也适当长一些，量可大一些。气温较高时，时间可短一些，量可小一些。

（3）时间间隔。与运动员正式参加比赛不同，一般人进行准备活动后就可马上从事体育锻炼，运动员准备活动后适当的休息是为了使身体机能有所恢复，以便在比赛中创造优异成绩。而一般人参加体育活动是为了增强体质，不是创造成绩，所以准备活动后接着进行体育锻炼即可。

三、怎样选择体育锻炼的时间

参加体育锻炼的时间主要根据个人的生活习惯、身体状况或工作性质而定，一般很难统一。但就多数体育锻炼者来说，体育锻炼的时间多安排在清晨、下午和傍晚。不同的锻炼时间有不同的特点，练习者可根据自己的实际情况选择。

1. 清晨锻炼

许多人喜欢在清晨进行体育锻炼，这首先是由于清晨的空气新鲜，早锻炼有助于体内的二氧化碳排出，吸入较多的氧气，有利于体内的新陈代谢加强，提高锻炼的效果；其次，清晨起床后大脑皮层处于抑制状态，通过一定时间的体育锻炼，可适度提高大脑皮层的兴奋性，从而有利于一天的学习与工作。经常参加体育锻炼的人多有这样的体会，如果清晨不进行体育锻炼，一天都觉得无精打彩，提不起精神；再者，早锻炼时，凉爽的空气刺激呼吸道粘膜可增强机体的抵抗力，以适应外界环境的变化，不易发生感冒等病症。所以有人说，早晨动一动，少闹一场病。对于清晨时间较宽松的离退休老同志来说，清晨不失理想的锻炼时间。但是，由于清晨锻炼多在空腹情况下进行，所以运动量不要太大，时间也不宜长。否则，长时间的运动会造成低血糖，不仅影响锻炼效果，而且会使身体产生不适应。另外，对工作、学习紧张、习惯晚起床的人来说，没有必要每天强迫自己进行早锻炼。

2. 下午锻炼

主要适合有一定空余时间的人进行体育锻炼，特别适合大、中、小学的师生，经过一天紧张的工作后，下午进行一定强度的体育锻炼，不仅可以增强体质，而且可使身心得到调整。下午进行体育锻炼时，运动强度可大一些，青年学生可打球、做游戏，老年人可打门球，跑步。对心血管病人来说，下午运动最安全。

医学研究表明，心血管的发病率和心肌劳损的发生率均在上午6～12时最高，所以，为了避免这一"危险"时辰，运动医学工作者认为，心血管病人适宜锻炼时间应在下午。

3. 傍晚锻炼

晚饭后也是体育锻炼的大好时光，特别是对那些清晨和白天工作、学习十分忙的人来说尤为如此。傍晚进行适当的体育锻炼，即可以健身强体，又可以帮助机体消化吸收。傍晚运动的主要形式为散步，北方一些地区在傍晚集体扭大身歌，也适合于中老年人的活动特点。傍晚进行体育活动的时间可长可短，但最好不要超过1小时，运动强度也不可大，心率应控制在120次分。强度过大的运动会影响胃肠道的消化吸收，同时，傍晚锻炼结束与睡觉的间隔时间要在1小时以上，否则，会影响夜间休息。

四、体育锻炼时如何控制运动量

体育锻炼时，合理控制运动量是影响运动效果的重要因素之一。活动量太小，达不到锻炼身体的目的；运动量过大，又会引起过度疲劳，影响身体健康。所以，每位体育运动爱好者在开始体育锻炼前就应学会监测运动量的方法。体育锻炼中常见的监测运动量的方法有以下几种：

1. 测运动时脉搏

在体育锻炼时或体育锻炼后即刻，立即测10秒钟的心率和脉搏，对一般体育锻炼者来说，运动后即刻的心率最好不要超过25次/10秒。脉搏次数过快，主要是发展机体的无氧代谢能力，这对一些专项运动员来说是十分重要的，但对提高身体的健康水平意义不大，而且运动量过大会增加心脏负担，可能会出现一些意外事故。即使是特殊需要，体育锻炼者运动时的心率也不要超过30次/10秒。

2. 根据年龄控制运动量

年龄与体育锻炼中的运动量有密切的关系，随着年龄的增加，人体的运动能力逐渐下降，体育活动量也应随着减小，现在，体育活动中经常用"180—年龄"的值作为体育锻炼者的最高心率数，即 30 岁的人在进行体育锻炼时其心率数不要超过 150 次/分，而 70 岁的人参加体育锻炼时的最高心率不要超过 110 次/分，这一公式已广泛应用到以健身为目的的体育锻炼之中。

3. 根据第二天"晨脉"调节运动量

"晨脉"是指每天早晨清醒后（不起床）的脉搏数，一般无特殊情况，每个人的晨脉是相对稳定的。如果体育锻炼后，第二天晨脉不变，说明身体状况良好或运动量合适；如果体育锻炼后，第二天的晨脉较以前增加 5 次/分以上，说明前一天的活动量偏大，应适当调整运动量；如果长期晨脉增加，则表示近期运动量过大，应该减少运动量，或暂时停止体育锻炼，待晨脉恢复正常时，再进行体育锻炼。

4. 主观感觉

体育锻炼与运动员的运动训练不同，其基本原则为：锻炼时要轻松自如，并有一种满足感，这也是锻炼者进行运动量监测的一项主观指标。如果锻炼后有一种适宜的疲劳感，而且对运动有浓厚的兴趣，则说明运动量适合机体的机能状况；如果运动时气喘吁吁、呼吸困难，运动后极度疲劳、甚至厌恶运动，则说明运动量过大，应及时调整运动量。体育锻炼对身体机能是综合刺激，身体机能的反应也是多方面的，锻炼者可根据自身条件对身体机能进行综合评价，必要时，则应在医务工作者的监督下进行。

五、体育锻炼时要注意合理的呼吸方法

体育锻炼时掌握了合理的呼吸方法，可以有效地提高锻炼效

果。对于体育爱好者来说，掌握合理的呼吸方法应注意以下几方面的问题：

1. 采用口鼻呼吸法，减小呼吸道阻力

人体在进行体育锻炼时，氧气的需要量明显增加，所以仅靠鼻实现通气已不能满足机体的需要。因此，人们常常采用口鼻同用的呼吸方法，即用鼻吸气，用口呼气。活动量较大时，可同时用口鼻吸气，口鼻呼气，这样一方面可以减小肺通气阻力，增加通气，另一方面，通过口腔增加体内散热。有研究证实，采用口鼻呼吸方式可使人体的肺通气量较单纯用鼻呼吸增加一倍以上。在严冬进行体育锻炼时，开口不要过大，以免冷空气直接刺激口腔粘腊和呼吸道而产生各种疾病。

2. 加大呼吸深度，提高换气效率

人体在刚开始进行体育活动时往往有这种体会，即运动中虽然呼吸频率很快，但仍一种呼不出、吸不足、胸闷、呼吸困难的感觉。这主要是由于呼吸频率过快，造成呼吸深度明显下降，使得真画龙点睛进行肺实际进行气体交换的量减少，肺换气效率下降。所以，体育锻炼时要有意识地控制呼吸频率，呼吸频率最好不要超过每分钟 25 ～ 30 次，加大呼吸深度，使进入肺内进行有效气体交换的量增加。过快的呼吸频率还会由于呼吸肌的疲劳造成全身性的疲劳反应，影响锻炼效果。

3. 呼吸方式与特殊运动形式相结合

不同的体育锻炼方式对人体的呼吸形式有不同的要求，人体的呼吸形式可分为胸式呼吸、腹式呼吸和混合呼吸，在运动中呼吸的形式、时相、速率、深度以及节奏等，必须随技术运动进行自如的调整，这不仅能保证动作质量，同时还能推迟疲劳的出现。在进行跑步运动时，易采用富有节奏性的、混合型的呼吸，每跑2 ～ 4 个单步一吸、2 ～ 4 个单步一呼；在进行其它的运动中，应根

据关节的运动学特征调节呼吸，在完成前臂前屈、外展、民体等运动时，进行吸气比较有利，而在进行屈体等运动时，呼气效果更好；在进行气功练习时，采用以膈肌收缩为主的腥式呼吸方式，效果较好；在进行太极拳、健美操等运动时，呼吸的节奏和方式应与动作的结构和节奏相协调。因此，在体育锻炼时，切勿忽视呼吸的作用，掌握合理的呼吸方法，可以有效地提高锻炼效果。

六、体育锻炼时出现不舒服感觉怎么办

人体在体育锻炼过程中有时会出现一些不舒适感觉，这主要是由于活动时安排不当造成的，但在个别情况下也可能是某些疾病引起的。所以，锻炼者要能够及时判断运动中出现的各种情况，以便科学地从事体育锻炼，防止意外事故的发生。体育锻炼中的不舒适感觉及其一般处理大约有以下几种情况：

1. 呼吸困难、胸闷

运动量过大，机体短时间不能适应突然增大的运动量，而出现呼吸困难、胸闷、动作迟缓、肌肉酸痛等症状，甚至不想继续运动，这种现象在运动生理学中被称为"极点"。极点主要是由于运动时呼吸方式不对（呼吸表浅，呼吸频率过快），或运动强度过大，造成机体缺氧，乳酸等物质在体内堆积，引起呼吸循环系统活动失调，并使大脑皮层的兴奋性下降。当出现上述症状后，一般不用停止体育锻炼，可适当降低运动强度，一般几分钟后，不适感觉即可消失。

2. 运动中腹痛

运动中腹痛主要有两种情况：一是胃痉挛，这主是由于饮食不当，食物刺激胃，引起胃痉挛，或是空腹参加剧烈活动，胃酸刺激引起胃痉挛性疼痛。如果运动中出现这种情况，可暂时停止运动，做一些深呼吸运动，严重者，可作热敷，喝少量温开水，

以使症状得到缓解，在以后的运动中，要注意锻炼卫生，改掉不良的锻炼习惯。二是肝脏充血，疼痛主要出现在右上腹，这是由于运动量突然加大，造成肝脏充血、肿大，牵拉肝脏被膜，造成疼痛。出现这种情况，轻者可降低运动强度，一地王码，再继续锻炼；如果连续几天体育锻炼均出现右上腹疼痛，则尖去医院检查。

3. 肌肉疼痛

体育锻炼中肌肉疼痛有以下几种情况：

（1）运动时肌肉突然疼痛，且肌肉僵硬。这种现象为肌肉痉挛，多出现在骤冷天气和天气炎热大量排汗时。肌肉痉挛多发生在小腿肌肉，或足底。出现肌肉痉挛后，只在缓慢用于牵拉弃挛的肌肉，即可使症状缓解，轻者继续运动，重者可放弃当天的运动，第二天仍可继续参加锻炼。

（2）肌肉突然疼痛，而且有明显的压痛点。这主要是由于肌肉用力不当，造成肌肉拉伤。肌肉拉伤后应立即停止体育锻炼，并进行冷敷、包扎等应急性措施，到就近医院治疗。

（3）肌肉酸痛，一般在刚开始体育锻炼后几天，连续出现的广泛性肌肉酸痛，无明显的压痛点。这种疼痛是体育锻炼过程中的一个生理反应过程，一般在第一次运动后的第二天出现，2～3天疼痛最明显，一般一周后消失。对于这种情况，没有必要停止体育锻炼，其处理办法可见本节第"十"部分。

（4）慢性肌肉劳损，长时间出现局部性肌肉酸痛，而且连续锻炼不减轻。这主要是由于长期不正确的运动动作所造成的，慢性劳损的主要特征是不活动劳损局部疼痛，而当身体进入活动状态后，疼痛症状减轻或消失。慢性劳损的恢复时间较长，一旦发现，就应彻底改变错误动作，形成正确的动力定型，以防劳损的发展。同时，及时去医院治疗。

七、体育锻炼后不要暴饮暴食

经常从事体育锻炼，可促进胃肠道的蠕动和消化液的分泌，对消化吸收能产生良好影响。但是，如果在体育锻炼后不注意饮食卫生，蛮饮蛮食，则会严重影响锻炼者的身体健康。人体在体育活动时，支配内脏器官的交感神经高度兴奋，副交感神经的活动受到掏。这种作用可使心脏活动加强，骨骼肌血流量增加，以保证体育锻炼时肌肉工作的需要，而胃肠道的血管收缩，血流量减少，消化能力下降。这种作用要在运动结束后逐渐恢复，如果在运动后立即进食，由于胃肠的血流减少、蠕动减弱，消化液分泌减少，进入胃内的食物无法及时消化吸收，而且储流在胃中，牵拉胃粘膜造成胃痉挛。长期不良的饮食习惯还可诱发消化道疾病。因此，在运动后应注意合理的饮食卫生。合理的饮食习惯应包括以下几点：

（1）体育锻炼后，不要急于进食，要使心肺功能稳定下来，胃肠道机能逐渐恢复后再用餐。这段时间一般为半小时，如果是下午的较剧烈体育锻炼，间隔的时间应相对更长。

（2）与体育锻炼后进食不同，体育锻炼后的补水是可行的，只要口渴，在运动后即刻，甚至在运动中即可补水。以往人们担心运动中补水会半加心脏负担，胃排空，现在看来这种担心是多余的。在天气较热的情况下，大量排汗引起体内缺水，不及时补水，可能会造成机体脱水、休克等下状。所以，运动中丢失的水必须及时补充。最近的研究发现，中等强度的体育锻炼后，胃的排空能力有所加强，因此，运动后或运动中的补水是可行的。马拉松比赛途中的饮水站，也说明运动中补水是非常必要的。

（3）补水要注意科学性，不可暴饮。体育锻炼后的补水原则是少量多次，可以在运动后每20～30分钟补水一次，每次饮水量

250 毫升左右，夏季时水温 10 度左右，其它季节最好补充温水；饮用不同成份的饮料对人体的影响，运动中排汗的同时也伴随着无机盐的流失，因此，运动后最好被补 0.2% ~ 0.3% 的盐水，也可选用橙汁、桃汁等原汁稀释饮料，不要饮含糖量过高（大于 6%）的饮料，尽可能不饮用汽水。

八、剧烈运动后切勿立即坐下休息

在进行体育锻炼后，特别是剧烈运动后，有些人习惯于坐在地上，或是直接躺下来休息，认为这样可以加速疲劳的消除，其实，这样不仅不能尽快地恢复身体机能，反而会对身体产生不良影响。人体在进行体育活动时，心血管机能活动加强，骨骼肌等外周毛细血管开放，骨骼肌血流量增加，以适应身体机能的需要，而运动时骨骼肌的节律性收缩，又可以对血管产生挤压作用，促进静脉血回流。当人体在停止运动后，如果停下来不动，或是坐下来休息，静脉血管失去了骨骼肌的节律性收缩作用，血液会由于受重力作用滞流在下肢静脉血管中，导致回心血量减少，心输出量下降，造成一时性脑缺血，出现头晕、眼前发黑等一系列症状，严重者会造成休克。因此，对于体育锻炼者来说，体育锻炼后应作一些整理活动，这样，一方面可以避免头晕等症状的发和现时还可以通过改善血液循环，尽快消除疲劳，提高锻炼效果。在进行整理活动时应注意以下几方面的问题：

（1）在任何形式运动后都可以做一些放松跑、放松走等形式的下肢运动，促进下肢静脉血的回流，防止体育锻炼后心输出量的过度下降。

（2）通过"转移性活动"，加速疲劳的消除。所谓转移性活动是指在下肢活动后，进行上肢性整理活动，右臂活动后做左臂的整理活动，通过这种积极性休息使身体机能尽快恢复，大量研究已经证实转移性活动确实可起到加速疲劳消除的作用。

（3）整理活动的量不要过大，否则，整理活动又会引起新的疲劳。在进行整理活动时，应当有一种心情舒畅、精神愉快的感觉。如果体育锻炼本身的运动量不大，如散步等，就没有必要进行整理活动。

（4）大强度体育锻炼后，如长距离跑、球类比赛后，应当进行全身性整理活动，必要时，锻炼者之间可进行相互间的整理活动和放松活动。

九、体育锻炼后的营养补充

人体在体育锻炼后，除采用休息和积极性体育手段加速身体机能的恢复外，还可以根据不同形式的体育锻炼特点，补充不同的营养物质，以加速疲劳的消除。以营养因素作为身体机能的恢复手段时，应根据不同的运动形式补充不同的营养物质。

1. 在进行力量性练习时

如举重、健美、俯卧撑等，运动中消耗的主要是蛋白质，而肌纤维的增粗、肌肉力量的增加也需要体内蛋白南的合成。所以，为了尽快消除疲劳，提高力量锻炼的效果，在进行力量练习后，应多补充蛋白质类物质。除要补充猪肉、牛肉、鱼、年奶等动物性蛋白外，还要补充豆类等植物性蛋白，以保证机体丰富而又多品种的蛋白质供给。

2. 在耐力性练习过程中

如长跑、游泳、滑雪等，机体主要进行的是糖类物质的有氧代谢，消耗的主要是粉类物质，因此，在运动后可适当多补充些米、面等粉类物质。国外有些优秀的长跑运动员在进行耐力训练和正式比赛的前夕，有意识地多补充含糖较多的盐粉类物质，以增加体内的糖原始储备，提高训练的效果，在比赛中创造优异

17

成绩。

3. 在进行较剧烈体育锻炼时

如球类比赛、快速跑、健美操等，机体主要靠糖的无氧代谢提供能量，糖在体内进行无氧代谢时，会产生一种叫做乳酸的酸性物质，这种物质在体内的积累，会造成机体的疲劳，并使恢复时间处长。所以，进行较剧烈的运动前，需多补充一些碱性食物，如蔬菜、水果等，而动物性蛋白等肉类物质则偏"酸"，在运动后的当天可适当减少。

4. 无论机体进行什么形式的运动，运动后都要补充维生素类物质

因为运动时体内的代谢过程加强，各种维生素都不同程度地参与体内的代谢过程。国契约，运动时体内的维生素消耗增加，需要在运动后补充。体育锻炼后应多吃些含维生素丰富的食物，象绿叶蔬菜、水果、豆类及粗粮和等。对于体育活动者来说，运动后一般只需补充天然维生素，没有必要补充维生素制剂。

青少年应该知道的生物知识

十、运动后肌肉酸痛怎么办

刚开始进行体育锻炼的人，运动后的第二天甚至以后几天，常常有肌肉酸痛的感觉。有些经常参加体育锻炼的人，在突然增加运动量时，也会有同样的感觉，有些人担心自己受伤了而不敢继续进行体育锻炼，其实，这种担心是多余的。

1. 肌肉酸痛的原因

运动后出现肌肉酸痛多属于生理现象，是机体对训练的正常反应。目前对运动后的肌肉疼痛有多种解释：一种观点认为体育锻炼后，肌肉出现了肌肉结构的"微"操作，这种微操作非常之微小，只有在电子显微镜下才能看到，与我们平时所讲的肌肉拉伤是不同的，这种微操作导致了肌肉的疼痛。另一种观点认为，

人体在进行剧烈运动时，肌肉缺氧，使得肌糖原只能进行无氧代谢供能，以致肌肉中乳酸大量堆积而不能及时排除，乳酸刺激肌肉的感觉神经，使人感到肌肉酸痛。还有一种观点认为，运动时骨骼肌"充血"，引起肌肉内压力增加，刺激肌肉内的感觉神经末梢，产生肌肉酸痛。虽然目前有关运动后肌肉疼痛的准确原因尚不清楚，但比较一致的观点认为，这种疼痛不是病理性的，仍可继续进行体育锻炼。

2. 肌肉出现疼痛后可主要采取的措施

（1）运动后可采用积极性恢复手段，如做一些压腿、展体等被动性牵拉活动，以使紧张的肌肉充分伸展、放松，改善肌肉组织的血液循环，以缓解肌肉疼痛，使肌肉尽快恢复。在肌肉疼痛完全消失之前，可重复这些牵拉动作，直到不适感觉完全消失。

（2）出现肌肉疼痛症状后，不要停止体育锻炼，而应当继续坚持锻炼，这样有助于尽快消除肌肉疼痛。只是运动的强度可以小一些，时间可稍微短一些，多做一些伸展性练习，坚持几天，疼痛症状就会消失。否则，如果停止锻炼，即使疼痛消失，再进行锻炼可能还会出现同样的症状，而且恢复的时间也相对较长。

（3）可配合使用按摩、热敷、或冲热水澡等恢复手段，加快肌肉不适感的消除。

第三节　常见运动损伤和运动性疾病的急救及处理

在体育运动中难免会出现运动操作和运动性疾病，一旦发生，就应迅速正确地急救与处理。急救原则，本着挽救生命第一，如因骨折疼痛而引起休克，应先处理危及生命的休克而后做骨折的

固定。常见的运动操作及其急救处理方法。

一、休克

休克是一种急性有效血液循环功能不全而引起的综合症。

1. 原因

运动过程中造成休克的原因是多方面的，主要有运动量过大、身体生理状态不良，还有肝脾破裂大出血、骨折和关节脱位的剧烈疼痛等。

2. 症状

早期常有烦燥不安、呻吟、表情紧张、脉搏稍快、呼吸表浅而急促等症状，此其较短易被忽略。继后，由兴奋期过渡到掏期，表现为精神萎靡不振，面色苍白、口渴、畏寒、头晕、出冷汗、四肢发冷、脉速无力，血压和体温下降，严重者出现昏迷。

3. 急救

应使病人安静平卧，注意保暖。对伴有心力衰竭的严重病人，应保持安静，使其半卧。可给服热凉水及饮料，针刺或点揉骨关、足三里、合谷、人中等穴位；由骨折等外伤的剧疼而引起的休克，应给以镇痛剂止痛。休克是一种严重而危险的病理状态，因此在急救的同时，应迅速请董生来处理或尽快送往医院。

二、出血

血液从破裂的血管流出，称之为出血。

1. 出血的分类

（1）按破裂血管的各类将出血分类：动脉出血。其特征是血色鲜红，吴喷射状间歇式流出，速度快，出血量多，危险性大。静脉出血。血色暗红，缓慢地不间断地流出，速度较慢，危险性比动脉出血要小。毛细血管出血。血色血、血从伤口慢慢渗出，常自行凝固，基本没有危险。

（2）按出血的流处可分为：外出血，身体表面有伤口，可以见到血液从伤口流向体外。内出血，身体表面没有伤口，血液由破裂的血管流向组织间隙（皮下组织、肌肉组织）淤血或血肿；流向体腔（胸腔、腹腔、关节腔）和管腔（胃肠道、呼吸道）形成积血。流入体腔或管腔的内出血，不易被发现，容易发展成大出血，造成失血性休克，故需特别注意。

2. 止血

止血的手段方法很多，在没有药物和医疗器械的条件下，现场急救的常用方法有：

（1）冷敷法。冷敷可降低组织温度，使血管收缩，减少局部充血，还可抑神经的兴历，从而达到止血、止痛，减轻局部肿胀的作用，此法适用于急性闭合性软组织损伤，伤后立即施用，一般常用冷水或冰袋敷于损伤部位。冷敷与加压包扎和抬高伤肢同时应用，效果更佳。

（2）抬高伤肢法。用于四肢出血，抬高伤肢，使伤处血压降低，血流量减少，达到减少出血的目的。一般常和绷带加丈夫包扎并用，对小血管出血有效，对较大血管出血，只能作用一种辅助性止血方法。

（3）压迫止血法。此方法可分为直接压迫伤口止血和压迫止血点止血两种：直接压迫伤口止血。一是用绷带加压包扎伤口止血。可先在伤口上覆以无菌甫料，再用绷带稍加压力饬起来，此法适用于小动脉、静脉和毛细血管出血。另一是指压止血。用指腹或掌根直接压迫伤口，此法简便易行，但违背无菌操作原则，容易引起伤口感染。因此，不在十分紧急的情况下，不应轻易使用。压迫止血点止血。用手指指腹压在出血动脉近心端相应的骨

面上，暂时止住该动脉管的血流。这种止血方法操作简便，止血迅速，是一种临时性止血的好方法。

三、骨折及骨折临时固定

骨的完整性遭到破坏的损伤，叫做骨折。骨折可分为闭合性骨折与开放性骨折两种。前者皮肤完整，治疗较易；后者皮肤破裂，骨折端与外界相通，容易发生感染，治疗较难。运动中发生的骨折多为闭合性骨折，它是严重的损伤之一。

1. 原因

（1）直接暴力。骨折发生在暴力直接作用的部位。如足球运动中，运动员的胫骨受到对方足踢而发生胫骨骨折。

（2）间接暴力。骨折发生在接触暴力较远的部位。如摔倒时手撑地而发生锁骨骨折。

（3）肌肉强烈收缩。如提起杠铃时突然的翻腕动作，可因前臂屈肌强烈收缩而发生肱骨内上踝撕脱骨折；投掷手榴弹时，因动作错误而发生肱骨骨折。

2. 征象

（1）碎骨声。骨折时伤员偶可听到碎骨声。

（2）疼痛。这是由于骨膜破裂。断端对软组织的刺激和局部肌肉痉挛所致。一般疼痛剧烈，活动时加剧，严重者发生休克。

（3）肿胀及皮下淤血。骨折后，由于附近软组织损伤和血管破裂，出现肿胀及皮下淤血。

（4）功能丧失。骨完全折断后，失去杠杆和支持作用，加上疼痛，功能因而丧失。如髌骨骨折后，小腿就不能抬起。

（5）畸形。由于外力及肌肉痉挛，使断端发生重叠、移位或旋转，造成成角畸形和肢体变短现象。

（6）压痛和震痛。骨折处有明显压痛。有时在远离骨折处轻轻震动或捶击、骨折处也出现疼痛。

（7）假关节活动及骨摩擦。完全骨折时局部可出现类似关节的活动，移动时可产生骨摩擦音。这是骨折的特有征象，但在检查时要慎重，不能故意寻找骨摩擦音，以免加重损伤。

（8）X光线检查。可确定是否骨折及骨折的情况。

3. 骨折时的临时固定

骨折时，用夹板、绷带把折断的部位固定、包扎起来，使伤部不再活动，称为临时固定。这是骨折的急救方法。其目的是为了减轻疼痛、避免再操作和便于转送。如有休克，应先抗休克，后处理骨折；如有伤口出血，应先止血，包扎伤口，再固定骨折。

临时固定的注意事项：

（1）固定前不要无故移动伤肢。为了暴露伤口，可剪开衣服，不要脱，以免因不必要的移动而增加伤员的痉和伤情。对于大腿、小腿和脊柱骨折、应就地固定。

（2）固定时不要试图整复，如果畸形很厉害，可顺伤肢长轴方向稍加牵引。

（3）夹板的长度和宽度，要与骨折的肢体相称，其长度必须超过骨折部的上、下两个关节。如果没有夹板，可就地取材（如树枝、木棍、球棒等）或把伤肢固定在伤员的躯干或健肢上。夹板与皮肤之间应势上软物，如棉垫、纱布等。

（4）固定的松紧要合适、牢靠。过松则失去固定的作用，过紧会压迫神经和血管。四肢骨折固定时，应露出指（趾）尖，以便观察血液循环情况。如发现指（趾）尖苍白、发凉、麻木、疼痛、浮肿和呈青紫色征象时，应松开夹板，重新固定。

四、脱位

由于暴力的作用使关节面之间失去正常的连接关系，叫做关

节脱位。关节脱位可分为完全脱位和半脱位，前者是关节面完全脱离原来的位置，后者为关节面部分错位。完全脱位时常伴有关节囊撕裂、关节周围韧带和肌腱的损伤。

1. 原因

运动中发生的关节脱位大多是由于间接外力所致。如摔倒时手撑地，则可引起肘关节脱位或肩关节脱位。

2. 征象

（1）受伤关节剧烈疼痛，并有明显压痛。这主要是由于关节位置的改变，使神经和软组织受到牵扯和损伤。

（2）关节功能丧失，受伤关节完全不能活动。

（3）畸形。由于关节正常位置的改变，正常关节隆起处塌陷，而凹陷处则隆起突出，整个肢体常呈现一种特殊的姿态。与健侧肢体比较，伤肢有变长或缩短的现象。

（4）用 X 光线检查可发现脱位的情况及有无骨折存在。

3. 急救

伤后应立即用夹板和绷带在脱位所形成的姿势下固定伤肢，保持伤员安静，尽快送往医院处理。关节脱位的整复，应由有整复技术的医生进行，没有整复技术经验的人，不可随意做整复处理，否则会引起严重的损伤，并影响以后的功能恢复。

五、软组织损伤及处理

1. 开放性软组织损伤

体育运动中常见的开放性软组织操作有下列几种：

（1）擦伤。是皮肤被粗糙物摩擦所引起的表面损伤。如运动中摔倒时容易引起皮肤擦伤，伤处皮肤被擦破或剥脱，有小出血点和组织液渗出。

（2）裂伤。是因为钝物打击引起皮肤和软组织的撕裂。伤口边缘不整齐，组织损害广泛，严重者可致组织坏死。运动中头部裂伤最多，约占整个裂伤的61%，其中额部和面部居多。如篮球运动中，眉弓被对方肘部碰撞即可引起眉际裂伤。

（3）刺伤。是因尖细物件刺入人体所致共特点是伤口细小，但较深，可能伤及深部组织或器官，或者将异物带入伤口深处，容易引起感染。例如田径运动中鞋钉与标枪的刺伤。

（4）切伤。是因锐器切入皮肤所致。如滑冰时被冰刀切伤。伤口边缘整齐，多呈直线，出血较多，但周围组织操作较轻。深的切伤可切断大血管、神经、肌腱等组织。

这些损伤的特点是有出血和伤口，所以处理是必须进行止血和保护伤口。为了预防和减轻感染，应注意无菌操作。小面积皮肤擦伤，污染不重者用红药水或紫药水涂抹即可，勿需包扎。关节部擦伤一般不用裸露治疗，否则容易影响运动，一旦感染，容易波及关节。处理时可在创面上涂抹消炎软膏。大面积擦伤，污染较重者要用生理盐水冲洗伤口，将污物洗净，再用凡士林油纱布覆盖伤口，并以绷带加压包扎。裂伤、刺伤和切伤，轻者可先用碘酒、酒精将伤口周围皮肤消毒，然后在伤口上撒上消炎粉，用消毒纱布覆盖，加压包扎。小的裂口，伤口消毒后可用粘膏粘合。裂口较长和污染较重者，应由医生作清创术，清除伤口内的污物和异物，切除失去活力的组织，彻底止血，缝合伤口。凡伤情和污染较重者，应口服或注射适当的抗菌药物，预防感染。凡被不洁物致伤且伤口小而深者，应注射破伤风抗毒素1500～3000国际单位，预防破伤风。如伤口有感染，则应投用抗感染药物，加强换药处理，及时清除伤口内的分泌物，畅通引流，促进肉芽组织健康生长，以利伤口早日愈合。

六、晕厥

晕厥是由于脑部一时血液供应不足而发生的暂时性知觉丧失的现象。

1. 原因

常由受惊、恐怖等引起的精神过分激动；长时间站立或下蹲稍久骤然起立，使血压显著下降；疾跑后站立不动，大量血液由于本身的重力关系而积聚在下肢舒张的血管中，回心血量减少，心输出量也随之减少，使脑部突然缺血而发生晕厥。

2. 征象

晕厥时，病人失去知觉，突然昏倒。昏倒前，病人感到全身软弱，头昏，耳鸣，眼前发黑，面色苍白。昏倒后，面色苍白，手足发凉，脉搏慢而弱，血压降低，呼吸缓慢。轻度晕厥一般在错倒片刻之后，由于脑贫血消除即清醒过来。醒后精神不佳，仍有头昏。

3. 急救

使病人平卧，足部略抬高，头部放低，松解衣领，注意保暖，用热毛巾擦脸，自小腿向大腿做重推摩和全手揉捏。在知觉未恢复以前，不能给任何饮料或服药。如有呕吐，应将病人的头偏向一侧，如呼吸停止，应作人工呼吸。醒后可给以热饮料，注意休息。

七、心跳和呼吸骤停的急救

当人体受到意外严重损伤（如溺水、触电休克等），有时出现呼吸和心跳骤然停止，这时如不及时进行抢救，伤员就会很快死亡。人工呼吸与胸外心脏挤压是进行现场抢救的重要手段，它可以帮助伤员重新恢复呼吸和血液循环。

1. 人工呼吸

施行时使伤员仰卧，头部尽量后仰，把口打开并盖上一块纱布，急救者一手托起他的下颌，掌根轻按环状软骨，使软骨压迫食管，防止空气入胃；另一手捏住他的鼻孔，以免漏气。然后深吸一口气，对准他的口部吹入。吹完后松开捏鼻孔的手，让气体从伤员的肺部排出。如此反复进行，每分钟吹 16～18 次（儿童 20～24 次）。注意事项：施行人工呼吸前，应将伤员领口、裤带和胸腹部衣服松开，适当地清除其口腔内的呕吐物或杂物。吹气的压力和气量开始宜稍大些，10～20 次后，可逐渐减小，维持在上胸部轻度升起即可。进行中应不怕脏，不怕累，一开始就要连续进行，不能间断，一直作至伤员恢复呼吸或确定死亡为止。若心跳也停止，则人工呼吸应与胸外心脏挤压同时进行，两人操作时，吹气与挤压频率之比为 1：40。

2. 胸外心脏挤压

对心跳骤然停止的伤员必须尽快地开始抢救，一般只要伤员突然错迷，颈动脉或股动脉措不到搏动，即或诊断为心跳骤停。这时往往伴有瞳孔散大，呼吸停止，心前区听不到心童，面如死灰等典型症状。此时应马上开始进行胸外心脏挤压，以恢复伤员的血液循环。操作时，伤员仰卧，急救者以一手掌根部按住伤员胸骨下半段，另一手压在该手的手背上，肘关节伸直，借助体重和肩臂部肌肉的力量适度用力，有节奏地带有冲击性地向下压迫胸骨下段，使胸骨下段及其相连的肋软骨下陷3～4厘米，间接压迫心脏。每次压后随即很快将手放松，让胸骨恢复原位。成人每分钟挤压60～80次（儿童80～100次）。挤压胸骨可间接压迫心脏，使心脏内血液排空。放松时，郭胸由于弹性而恢复原状，此时胸内压下降，静脉血回流至心脏。反复挤压与放松胸骨，即可恢复心脏跳动。操作中，如能摸到颈动脉或股动脉搏动，上肢收

缩压达 60 毫米汞柱以上，口唇、甲床颜色较前红润，或者呼吸逐渐恢复，瞳孔缩小，则为挤压有效的表现，庆坚持操作至自主心跳出现为止。注意事项：手掌根部压迫部位必须在胸骨下段（不要压迫剑突）压迫方向应垂直对准脊柱，不能偏斜，用力不可过猛，以免发生肋骨骨折。在抢救时，应迅速派人请医生来处理。

第四节　青春期少女生理卫生常识

青少年应该知道的生物知识

常听到一些女性说"做女人真苦，下辈子要变成男人"。确实作为女人从月经初潮到结婚怀孕，从生儿育女，直至更年绝经，数不尽的苦楚始终相伴。然而当你发育成熟展示着女性的魅力时；当你初为人母、满怀喜悦为怀中婴儿哺乳时；当事业有成、儿女成人时，你一定会感到无比幸福和欣慰，感到做女人其实挺好。

下面了解一下我们进入青春期女生的生理卫生保健知识，希望能帮助您多掌握一些有关的科学知识，帮您做好自我保健，减少病痛。

一、什么是月经？什么是初潮

青春期的女子由于卵巢分泌的性激素作用使子宫内膜发生周期性变化，每月脱落一次，脱落的粘膜和血液经阴道排出体外，这种流血现象，就是月经。因多数人是每月出现 1 次而称为月经。

正常月经一般为 28 天一个周期，20～40 天均属于正常范围，经期一般为 3～5 天，但在 2～7 天内均属于正常。月经由于个体差异，一般每次行经血量约 50～60 毫升，不超过 80 毫升。大多第 2～3 天出血量稍多，经血为暗红色不易凝结，因为有抗凝酶存在。如果经血不畅，时而有小血块，有的人会感到小腹胀坠或疼痛。但这些不适会逐渐减轻，一般不会影响学习和工作。

少女第一次来月经称为月经初潮，它是青春期到来的重要标志之一。初潮年龄约在 10～16 岁。初潮来的早晚与遗传、环境、营养和经济状况等因素有关，气候炎热地区的人初潮较早，寒冷气候地区的人初潮来的偏晚；发达城市少女较早，偏僻山区的稍迟；身体健康、营养条件好的女孩来的早，体弱、生活条件差的较晚。

月经初潮，由于卵巢功能尚未完善，往往月经周期不规律，从不规律走向规律，也因人而异，大约 1～2 年。如月经周期超过半年或行经时间超过 10 天以上，都属不正常，应该到医院就诊。

初潮来临的女孩生长迅速，食欲增加，乳房发育隆起，时有疼痛，阴毛、腋毛开始增加，颜面红润，这些现象是初潮即将来临预兆。

二、女生经期卫生保健

性发育、性成熟既然是青春期发育的显著特征，所以性卫生保健就应该是青春期的重要活动。

要正常度过月经期，应注意经期卫生：

1. 保持外阴清洁

月经期间阴部抵抗力下降，易受细菌感染，因而要每天清洗外阴。不过不要盆浴，应该淋浴，经期能用温水擦身更好。

2. 注意保暖

经期御寒能力下降，受凉易引起疾病，像月经过少或突然停止。因而要避免淋雨，趟水，用凉水冲脚；少食或不食冰冻食物、饮料。

3. 经期用品保洁

注意保持卫生巾清洁，购买国家卫生部门允许出售的卫生巾中。如使用卫生带，清洁后应在日光下晒干。

4. 精神保养

经常保持精神愉快，适当参加文体活动可转移经期出现的烦躁、郁闷、不能太娇气，既注意保养又判若无事。

5. 饮食保养

少吃刺激性食物，多吃蔬菜和水果，保持大便通畅免得盆腔充血。经期易出现疲劳和嗜睡，感情波动也大，故最好不饮浓茶、咖啡等。

6. 适当劳动、锻炼

经期体力劳动过累或参加剧烈体育活动是不适宜的，但适当参加体力劳动和锻炼是有益的。

三、女生经期不适：生理低潮的反应

女性的月经期及之前的几天是女性生理曲线的低潮期，身体耐受力、灵活性下降，易疲倦。月经期因外阴和子宫充血、轻微肿胀，会感到小腹有下坠感，子宫收缩时也会引起轻微腹痛，这些都是正常的生理反应。但确实会给女性带来一些不适的感觉，同时这个阶段因为大脑皮层兴奋性下降，特别是生殖器官局部的防御机能暂时下降，容易生病，的确是一个需加倍体贴的特殊时期。有些女性不能正确接受这些生理变化，认为月经是"倒霉"，女不如男，于是情绪低落。有些女性过于担心经期的不舒服。这些消极暗示会加重躯体不适，不良的情绪将引起机体调节功能紊乱，加重不适感，于是情绪更加低落，易伤感。或易急躁动怒，冲动草率行为增多，使得人际关系紧张，造成恶性循环，其实女性正因为有月经现象，造血功能比男性强，在同样的失血情况下恢复起来更快。也有的个体在月经期间感到效率更高，创造力增强。所以说经期反应心因为主，要想顺利度过，需加强"积极暗示"。首先要视其为自然，这是女性独特的正常生理功能。其次保持精神愉快和放松。第三注意卫生，保证充足的睡眠，不要过于疲劳。卫生巾要常换，以免细菌孳生、产生异味。还要劳逸结合，参加适度的文体活动以加速代谢使经血流畅。另外要避免生冷刺激的饮食。如果有痛经，则需要去看医生。

四、少女痛经是什么原因引起的

经前后或月经期出现的下腹痛，坠胀，腰酸等不适，月经过后自然消失的现象，称为痛经。痛经的特点与月经的关系十分密切，不来月经就不发生腹痛。因此，与月经无关的腹痛，不是痛经。多数痛经出现在月经时，部分人发生在月经前几天。

痛经可分为原发性痛经和继发性痛经两种。原发性痛经是指从有月经开始就发生的腹痛，是生殖器官没有器质性病变的痛经，原发性痛经好发于青春期的女性，大约有30%～50%的女孩有不同程度的痛经。继发性痛经则是指行经数年或十几年才出现的经期腹痛，两种痛经的原因不同。原发性痛经的原因为子宫口狭小，子宫发育不良或经血中带有大片的子宫内膜，后一种情况叫做膜样痛经。有时经血中含有血块，也能引起小肚子痛。继发性痛经的原因多数是疾病造成的，例如子宫内膜异位，盆腔炎，盆腔充血等。近年来发现，子宫内膜合成前列腺素增多时，也能引起痛经。

因此，需要通过检查，确定痛经发生的原因之后，才能针对痛经的原因进行治疗。

1. 引起痛经的原因

引起痛经的原因很多，主要有以下几点：

（1）生理因素

31

由于子宫内膜前列腺素增多，使子宫收缩过度或不协调，子宫局部的缺氧导致过氧化物及组胺等释放，引起痛经。

（2）心理因素

对月经缺乏正确的了解而产生的恐惧和紧张的心理，反而加重痛经。

（3）饮食因素

有些女孩爱吃零食，月经期也吃冷饮及梨等生冷食物，易导致气血凝滞，正如中医所说："不通则痛"，自然会使痛经加重。

（4）劳累因素

过重的体力劳动会加重出血及痛经。

（5）受凉因素

因天气寒冷或衣着过少而受凉，会感受寒邪。导致气血凝滞。经络不通，从而加重痛经。

五、青春期乳房发育有什么变化

月经的来潮是女子性器官和乳腺发育进入成熟期的标志。但月经初潮后，数女孩的乳腺仍会继续发育1～2年，直至发育到成年人的成熟的乳房形状。女性乳房从开始发育到成熟，一般要经历4～6年的时间。乳房发育的早晚、快慢，发育过程的长短以及发育的程度，存在着很大的体差异，因此，当您的乳房发育与别人的不完全一样时，不必惊慌，稍有不同可能是正常的。

在幼年时期，女孩的乳房是扁平的，只有乳头稍稍突起。到青春期，女孩的乳房开始隆起、增大，乳头和乳晕也相继增大，颜色加深。渐渐地，乳房形成盘状，再继续增大则呈半球形。

那么，青春期的乳房外观为什么会发生这么大的变化呢？这是因为在青春期，女孩身体内的激素水平正悄悄地发生着巨大的变化。在发育过程中，有些女孩的乳房会有膨胀感，有的甚至感到疼痛或触痛，这是正常现象。另外，由于这一时期的乳腺组织对激素的敏感程度是不均匀的，所以乳房不同部位的腺体发育可能也是不均衡的，有的局部可出现小结节，随着乳腺的进一步发育，这些小结节会自然消失。

六、青春期乳房保健应注意什么

青春期女孩应做好乳房保健。青春期乳房开始发育时，不要过早地戴乳罩。乳房充分发育后可开始佩戴乳罩，但松紧度要适当，不可因害羞而过紧地束胸。乳房发育过程中，有时可出现轻微胀痛或痒感，不要用手捏挤或搔抓。青春期女性应认识到：此期乳房发育是正常的生理现象，也是健美的标志之一，应加倍保护自己的乳房使之丰满健康。具体应做到以下几点：

1. 注意姿势

平时走路要抬头挺胸，收腹紧臀；坐姿也要挺胸端坐，不要含胸驮背；睡眠时要取仰卧位或侧卧位，不要俯卧。

2. 避免外伤

在劳动或体育运动时，要注意保护乳房，避免撞击伤或挤压伤。

3. 做好胸部健美

主要是加强胸部的肌肉锻炼，如适当多做些扩胸运动或俯卧撑，扩胸健美操等。

4. 局部按摩

坚持早晚适当地按摩乳房，促进神经反射作用，改善脑垂体的分泌。

5. 营养要适度

青春期女性不能片面地追求曲线美而盲目地节食、偏食，适量蛋白质食物的摄入，能增加胸部的脂肪量，保持乳房丰满。

七、什么是性侵犯？青少年如何预防性侵犯

性侵犯可以是任何非意愿的性接触，如非意愿的接触，在未经同意情况下进行的具有性方面性质的身体接触，外生殖器、臀部和女人的乳房。爱抚或触摸性器官，它可以利用威胁或武力，或者是环境使一个人不能行使同意的情况下，如处于中毒的时候。

青少年如何预防性侵犯？

（1）首先我们青少年应该知道什么是"性器官"。性器官包括女性的乳房、阴部、臀部和男孩子的阴茎、阴囊、臀部等，都是属于自己的隐私，青少年有权保护这些部位，任何别的人都无权抚摸、观看和拍照、摄像。当隐私部位一旦被他人碰摸时，完全可以大声拒绝，并跑离现场，还该告诉可信任的大人或家长。

（2）在头脑中要时刻具有防范和自我保护的意识。从外表上看，坏人与常人没有什么区别，他的长相可能很丑恶，也可能很和善；可能是陌生人，也可能是你非常熟悉的人；可能是男性，也可能是女性。在你没有任何戒备的情况下诱骗你、借机伤害你。所以，你要时刻提防坏人，小心上当受骗。

（3）要珍惜自己的身体，我们的性器官是我们身体非常隐私的部位，平时遮盖起来，不能随便在别人面前裸露，更不能轻易让人随意触摸。

（4）当父母不在家时，不随便给其他人开门。如果是与几个小伙伴在家里，没有大人时，要把门从里面锁好，防止陌生人进入。不要轻信陌生人，更不要带陌生人回家。陌生人可能说他不认识路，让你给带路，或让你帮助他找什么东西，干什么事情等等，要带你走，千万不要跟他走，并迅速离开，以免上当受骗。

（5）尽量不要单独呆在僻静的地方，尽可能避免黑夜单独外出。不要独自去偏远的公园，不要独自通过昏暗的地下通道，不

青少年应该知道的生物知识

要独自去无人管理的公厕。外出活动时要征得父母的同意，并将行程、大概回家的时间告诉父母。如果回来晚，路途又较远，要让父母亲循回来的路上去接。不要随便出入电子游戏机房、台球厅、歌舞厅、酒吧等活动场所。不要吃陌生人递过来的食物，不要接受陌生人送的钱财、礼物、玩具，不要搭乘陌生人的便车，遇有驾车的陌生人问路，要与车身保持一定的距离。

（6）当你独自在街上或其他地方行走，发现被坏人盯上时，要设法迅速摆脱坏人。除非迫不得已，要尽量避免与坏人正面对抗。这时，重要的是保持头脑冷静，要根据当时的周围环境和自己的身心状态迅速思考对策。如果是晚上，要朝灯光明亮的大街上或行人往来较多的地方跑。如果被坏人纠缠，要高声喊叫，并迅速跑开。碰到有坏人做坏事，要迅速找附近的公用电话，拨打电话110报警。如果遇到强暴的威胁时，要大声喊叫，并迅速跑向人多的地方。

八、如何对待"青春期早恋"

早恋，即过早的恋爱，是一种失控的行为。青少年的早恋问题，正引起社会的普遍关注。调查表明，青少年早恋的年龄有提前的趋向，如果对策有力，治理不当，就能遏止继续蔓延之势，不能不引起我们的重视和深思。

青少年内受性萌动的刺激，外受社会风尚的影响，喜欢交友，重视友谊，男女同学喜欢在一起踏青、划船、过生日度假，渴望交上知心朋友，可以互相倾吐内心的烦恼，取得真诚的理解，寻找心灵的慰藉，共同探讨人生的奥秘，切磋学习中的疑难。男女同学之间的这种正常交往是一种纯洁的友谊，只要加以正确的引导，对年轻人心理的稳定和人格的完善有着一种不可估量的积极作用。这种可贵的友谊应该小心爱护大力倡导。如果把男女同学

之间的正常交往视为"不轨行为"，如果一看到男女同学单独呆在一起，或接触频繁一些，就住"谈情说爱"方面联想，只能激起中学生极大的反感。

中学生一旦堕入情网，往往难以克制自己情感的冲动，一旦彼此表达了爱慕之情，便立即亲密地交往起来，常因恋爱占去不少学习时间，分散精力，而严重影响学习和进步。他们中的大多数对集体活动开始冷淡，对集体产生了离心力，和同学的关系渐渐疏远。加上舆论的压力和家长、老师的反对，往往使早恋者有一种负疚感，思想上背上包袱，矛盾重重，忧心忡忡。这种情况给学生的身心发展造成了心理上的障碍。

中学生的早恋往往是情感强烈，认识模糊。相爱的原因往往极其简单，没有牢固的思想基础，比如有的是受对异性的好奇心、神秘感的驱使；有的是以貌取人，为对方的外表风度所吸引；有的是羡慕对方的知识和才能；有的是由于偶然的巧遇对对方产生好感，等等。他们没有认识到思想感情的一致是真正爱情的基础，观念、信念、情操是否一致是决定爱情能否成功的最主要的因素。中学生思想未定型，他们不可能对这些复杂的因素有科学、深刻的思考，也不可能真正了解自己和对方在这些方面是否真正一致。中学生的早恋好比驶入大海的没有罗盘、没有舵的航路，随时隐伏着触礁沉没的危险。所以，中学生的早恋，不仅成功率极低，而且意志薄弱者还可能铸成贻害终身的罪错。

中学时代是打基础时期，将来从事何种事业还没有定向，对每个中学生来说，今后的生活道路还很长，各人将来将从事什么职业，在什么地方工作，都是难以预测的，一个较成熟的青年，总是先考虑立业，后考虑成家。而且随着时间的流逝，生活的变迁，各人的思想感情将不断发生变化。中学时代的山盟海誓往往经不起现实生活的严峻考验，中学时代的早恋十有九不能结出爱情的甜果，而只能酿成生活的苦酒。

九、青少年偷吃"禁果"有什么危害

青春期是一个充满激情和微妙的季节，身处其中的少男少女对一切都充满了热情；青春期也是一个充满幻想的季节，少男少女们对未来充满了美好的向往；青春期又是一个充满诱惑的季节，未知的东西对少男少女充满了吸引力；青春期还是一个多变的季节，少男少女的种种想法往往是成人难以理解的。青春期可以说是一个人一生中改变最多的一个时期，幻想与困惑、理智与激情同时存在，心态的变化，外界的刺激，各种各样美好的理想，以及对知识的渴求交织在一起，这或许可以说明为什么有的青少年会偷偷地品尝"禁果"。

"禁果"虽然充满了诱惑，但是它的颜色是青的，滋味是涩的，它带给青少年的往往是痛苦多于快乐，一时的放纵或许会留下终生的悔恨。青春期的青少年，身体的各部分还未发育成熟，过早地品尝"禁果"，会对以后的婚姻生活造成很大的伤害，特别是对女孩子来说，伤害会更大。女孩子在18岁以前，虽然已经具备了生育的能力，其实子宫尚未完全发育成熟，这时如果发生性接触，导致怀孕，会对发育期的少女带来巨大的危害。过早的流产、早产，也容易引发子宫内膜炎、输卵管炎、盆腔炎、宫外孕等妇科病，以后发生宫颈癌的机会也大大增加，还有可能留下诸如难产、习惯性流产、不孕等后遗症。

偷吃"禁果"对青少年造成的心理影响也不容忽视。偷吃"禁果"的青少年往往害怕被父母、老师知道，背负着沉重的心理负担，心理压力过大，久而久之产生一系列的精神症状；也有的青少年就此"破罐破摔"，糟蹋自己，由此走上违法犯罪的道路，有的人甚至想自杀以寻求解脱。此外，过早的性行为还会造

成性冷淡、性厌恶心理，对将来的婚姻生活造成不良影响。

第五节　青春期少男生理卫生知识

一、男性外生殖器的日常卫生保健应注意什么

在我国由于传统习俗的影响，男性大都没有每天"用水"清洗阴部的习惯。其实，男性如果坚持注意性器官的卫生，养成用温热水清洗的习惯，不但有益于性生活的卫生，还可促进局部的血液循环，防止肛裂、痔疮，是有利而无害的。

（1）保持内裤的清洁卫生，大小便时尽量要注意不要污染内裤，一旦弄脏应及时予以更换清洗。内裤不仅要常换常洗，更应放在太阳光下照晒。

（2）每晚清洗外阴和肛门区域，先清洗外阴部，再洗肛门。

①清洗用具：如毛巾、盆等要专人专物使用，特别是不能与洗脚毛巾、洗脚盆混用。

②避免使用刺激性肥皂，最好用专门的香皂，要有专用的毛巾，用过的毛巾要注意清洗干净。

③如有条件，在早晚这段时间里，应注意清洁阴茎头，如果有包皮过长，不要忘记清洗包皮的内层以及皮冠，因为这是容易藏污纳垢的地方。

（3）要穿棉制口紧身的短裤，每日换洗，保持清洁，衣料质地要柔软，最好不用化纤制品。

（4）每次大便后，要用软性手纸由前向后擦肛门，有条件最好立即清洗一次。

二、怎样正确认识青春期男性遗精现象

遗精通常又称为"梦遗"或"梦精"，多数男孩子在睡梦中发生。遗精是精液从生殖器官产生后，通过输精管，从尿道口流出的生理现象。几乎每一个健康男子都发生过。遗精发生在睡梦中，称为"遗精"；如果在清醒时流出精液，也称为"滑精"。

男孩子进入青春期后，睾丸分泌雄性激素增多，并产生精子。在雄性激素的作用下，前列腺和精囊液等逐渐成熟并产生分泌物。精子和这些分泌物组成精液。精液不断产生，多了，容器装不下，就要流出来。即所谓"精满自溢"（如果不流出来，也能在体内被吸收）。所以遗精是男子青春发育期的一种正常的生理现象，是生殖器官发育成熟的表现。有时当身体过度兴奋或过度疲劳时，也会因大脑的控制能力减弱而发生遗精。

据调查，多数男孩子首次遗精在 15 岁，最早的在 11 岁，最晚的在 18 岁。一般每月遗精一二次，也有短的每周一二次。只要不是过于频繁，都属于正常之列。

有人宣传"一滴精液十滴血"，认为遗精会伤害身体的"元气"，损害身体健康。这是不科学的。我们知道，精液的主要成分是水份，其中只有很少量的蛋白质、糖类和无机盐，而且每次排出的精液只有三四毫升。所以，遗精是不会影响健康的。但是有些男孩子遗精过于频繁，如一两天一次，或一天数次，甚至一有性冲动就有精液外流，就属于遗精频繁，是不正常的。

1. 遗精发生的原因

衣裤穿得太紧、或被褥过暖、或睡眠姿势不恰当，使阴茎受到刺激所致；但更多的是因为接触了一些有色情内容的书刊、电影、电视、录像等引起过度的性冲动造成的。

2. 防止遗精过多过频的主要措施

（1）合理安排生活、学习，增强个人的自我约束能力；

（2）青少年要把精力用到学习生活中去，平时不要胡思乱想，不接触宣扬有色情内容的书刊、电影、电视、录像等；

（3）生活中注意劳逸结合，不要过度劳累，不要喝酒，睡觉前少喝或不喝；

（4）加强个人卫生，穿一些宽松的内衣裤，床铺不要过暖过软，尽量采取侧卧的睡觉姿势；

（5）早晨醒来后立即起床，不睡懒觉；

（6）积极参加体育锻炼，增强体质，可在睡觉前做一些轻松的体操或散步，争取上床后尽早入睡；

（7）戒除过度手淫。有些青少年有玩弄外生殖器的手淫习惯，以致性神经比较兴奋，也容易引起遗精，要注意纠正。这样就能解决遗精频繁的问题了。

三、青少年怎样预防手淫

从广义讲，任何方式的自我与互相间的抚摸刺激生殖器及其他敏感部位以求性快感和性满足的行为都可以视为手淫。

手淫是一种常见现象，在男女老幼不同年龄皆有。但在青少年中最为普遍。

手淫是从儿童期就存在的行为，不过在儿童期多是由于无意识地偶尔玩弄生殖器、穿紧身裤、爬杆等活动时的摩擦使生殖器受到刺激并引起快感。无论男女，到了青春期后，由于体内的生理改变，都会自然而然地产生性的冲动和要求，这段时间处于性紧张状态，对性问题满怀憧憬、好奇、幻想。作为一种本能，他们会在性生理和性心理的驱使下开始有意识地手淫。

由于性冲动不是受大脑支配的而是由血液中的性激水平所决

定的，所以这是一种不以人的意志为转移的自然现象。人从性成熟到能够合法地满足性要求——结婚，一般要等待7~8年或更久，而这段时间的性能量偏偏最高，总要寻找机会解除性紧张。在这种情况下手淫大概是最方便，最安全的办法，它既不涉及异性或卷入感情纠葛，也不会导致性攻击甚至性犯罪的发生，所以是一种合理的解除性紧张的方式，同时也能够解决一部分因性问题而引起的社会问题。

国内一组资料提示86%有手淫史，发生手淫的年龄多数从12~16岁开始，平均年龄14岁，与开始有遗精的年龄吻合。未婚男女，每月有规律的手淫1~5次，以解除心理上的或生理上的满足，并不影响健康。但是，过度手淫就属于一种心理障碍，并且会严重影响身体健康，造成一些泌尿生殖系疾并性神经衰弱等。

1. **主要表现为**

（1）中枢神经系统和全身症状。如意志消沉，记忆力减退，注意力不集中，理解力下降，失眠，多梦，头昏，心悸等。

（2）泌尿生殖系疾病。慢性前列腺炎引起尿频、尿末滴白、下腹及会阴部不适、腰酸无力、性欲减退、阳痿、早泄、不射精等。

对于一般青年来说，手淫超过一周一次就属于频繁。过于频繁的手淫一方面使人精神、精力下降，手淫后又造成一种精神负担而难以自拔，特别是一些人发生手淫，会产生内疚和自责心理，往往想要改正，可是在生理的自发冲动下又难以自制，从善的心愿又遭到挫折，导致精神上的损害。

青少年手淫之后，往往产生追悔、羞愧、忧虑等复杂心理状态，并容易产生疲倦、腰酸腿软、精神萎靡、性欲减退、早泄、遗精、不射精等性功能衰退症状，严重时可导致神经衰弱以及由于反复性器官充血导致慢性前列腺炎等。

2. **如何防治手淫**

手淫过度就需要防治。如果恣意手淫,沉浸于色情,必然荒废学业,损伤身体,尤其是处于性发育成熟期的青少年心理状态不稳定,更要提高自我控制和自我约束的能力。防治手淫关键在于以下几点:

(1)对手淫要正确对待,以预防为主,应用精神治疗、心理疏导的方法,加强精神文明建设和性教育,使注意力向德智体三方面全面发展,克服思想过于集中。

(2)注意生活规律与生活调节,避免穿着太紧衣裤,按时睡眠,晚餐不宜过饱,睡眠时被褥不要过暖过重,睡眠不宜仰卧和俯卧,晚餐不宜刺激性饮食如烟、酒、咖啡、辛辣之品。

(3)养成良好的卫生习惯,注意保持外阴清洁,经常清洗,除去积垢不良刺激。

(4)鼓励男女参加社会活动,减少对异性的敏感,避免早恋。

(5)对犯有手淫习惯的青少年,不宜严加指责,应帮助他们,建立信心与决心戒除手淫,切不能用夸大、恐吓的办法,否则会加重他们的思想负担。

(6)如有生殖系统炎症,服用消炎药等对症治疗,消除患者的不适。

(7)要正确地对青少年进行性心理和性生理卫生教育,使他们掌握有关性的基本知识,能够正确地处理性紧张与性冲动。青少年要克服手淫习惯,切记以下几点:①要树立远大理想和抱负,将注意力集中在学习和工作上。②培养良好的爱好和兴趣,通过丰富多彩的业余生活将过于旺盛的性能量化解掉。③减少不良的性刺激,不要看色情书籍和影视。④对过度手淫的危害要有正确的认识,树立克服习惯性手淫的决心,把自己从手淫的精神压力下解放出来。

第二章　宠　物

第一节　猫

一、猫的基本信息

中文名称猫，别称猫咪，家猫，野猫，外文名称 cat。分类上属于，哺乳纲，食肉目猫科，猫属，猫种。除南极洲外，各大洲均有分布。

猫的身体分为头、颈、躯干、四肢和尾五部分，全身披毛。猫的趾底有脂肪质肉垫，因而行走无声。捕鼠时不会惊跑鼠，趾端生有锐利的爪。爪能够缩进和伸出。猫在休息和行走时爪缩进去，捕鼠时伸出来，以免在行走时发出声响，防止爪被磨钝。猫的前肢有五指，后肢有四指。猫的牙齿分为门齿、犬齿和臼齿。犬齿特别发达，尖锐如锥，适

于咬死捕到的鼠类，臼齿的咀嚼面有尖锐的突起，适于把肉嚼碎；门齿不发达。猫行动敏捷，善跳跃。猫脑的身体平衡控制能力强。猫从高处跳下，能通过尾巴保持坠落时身体的平衡，加上四肢配合能平安着地不容易摔伤。

它猎食小鸟，兔子，老鼠，鱼等。

猫之所以喜爱吃鱼和老鼠，是因为猫是夜行动物，为了在夜间能看清事物，需要大量的牛黄酸，而老鼠和鱼的体内就含有牛黄酸，所以猫不仅仅是因为喜欢吃鱼和老鼠而吃，还因为自己的需要所以才吃。猫作为鼠类的天敌，可以有效减少鼠类对青苗等作物的损害，由猫的字形"苗"可见中国古代农业生活之一般。

在四川谚语："不管黄猫黑猫，只要捉住老鼠就是好猫。"后成为邓小平著名的"猫论"。在我国民间就有猫有九条命的传说。而在埃及神话中猫则是地府的守望者。

我们今天饲养的家猫的祖先，据说是印度的沙漠猫。印度猫进入中国的时间，大约是始于汉明帝，那正是中印交往通过佛教而频繁起来的时期。

二、猫眼的视力

其实猫咪在白天的视力比人类差很多，但由于猫眼有异乎寻常的收集光线能力，加上它那高性能的听力及惊人的集中力，故猫咪在黑夜中也能视物，甚至可说光线越暗猫咪看得越清楚。猫之所以能在黑暗视物，是由于它具有发达的眼角膜，其弯曲的晶状体比人类的大得多，因此晶状体的角膜位置相比地离视网膜近些，为了使光线精确聚焦，两者的曲度增大了，能搜集的光线当然多了。

猫的眼球比人的短而圆些，视野角度比人眼更宽阔。猫的瞳孔可以随光线强弱而扩大或收闭，在强光下，猫眼的瞳孔可以收缩成一条线，而在黑暗中，猫的瞳孔可以张得又圆又大的。还有猫眼底有反射板，可将进入眼中的光线以两倍左右的亮度反射出来，所以，当猫在黑暗中瞳孔张得很开时，光线反射下猫眼好像会发出特有的绿光或金光，给人一种神秘的感觉。

猫是色盲，很多科学家认为，猫只能看见蓝、绿色，但猫不关心颜色。双眼视觉对猫这一类捕猎动物十分重要。因为它必须能准确地判断里程，以便计算到达捕猎目标的距离。当动物的两眼的视场重迭，即可产生立体视觉效应，重叠范围愈大，立体效应就愈强，愈准确。猫判断距离的能力比人类差、比狗强些。人眼的视场重迭范围比猫眼大得多，而狗眼的则比猫眼小。

猫眼在外观的形状上大致可分为三种：圆形、倾斜形和杏仁形。颜色基本上有绿色、金黄色，蓝色和古铜色等。不过，在这几类基本颜色之中还有不同程度的深浅区分。

三、猫的性格特点

1. 贪睡

猫一天中有半天处于睡觉状态猫在一天中有 14～15 小时在睡眠中渡过，还有的猫，要睡 20 小时以上，所以猫就被称为"懒猫"。但是，您要仔细观察猫睡觉的样子就会发现，只要有点声响，猫的耳朵就会动，有人走近的话，就会腾地一下子起来了。本来猫是狩猎动物，为了能敏锐地感觉到外界的一切动静，它睡得不是很死。

2. 任性

猫显得有些任性，我行我素。本来猫是喜欢单独行动的动物，不像狗一样，听从主人的命令，集体行动。因而它不将主人视为君主，唯命是从。有时候，你怎么叫它，它都当没听见。猫和主人并不是主从关系，把它们看成平等的朋友关系更好一些。也正

是这种关系，才显得独具魅力。另一方面猫把主人看作父母，像小孩一样爱撒娇，它觉得寂寞时会爬上主人的膝盖，或者随地跳到摊开的报纸上坐着，尽显娇态。

3. 爱干净

经常清理自己的毛小猫在很多时候，爱舔身子，自我清洁。饭后它会用前爪擦擦胡子，小便后用舌头舔舔肛门，被人抱后用舌头舔舔毛。这是小猫在除去身上的异味和脏物呢。猫的舌头上有许多粗糙的小突起，这是除去赃物最合适不过的工具。

4. 反应和平衡首屈一指

高墙上，优雅散步，轻盈跳跃，看到猫在高墙上若无其事地散步，不禁折服于它的平衡感。这主要得益于猫的出类拔萃的反应神经和平衡感。它只需轻微地改变尾巴的位置和高度就可取得身体的平衡，再利用后脚强健的肌肉和结实的关节就可敏捷地跳跃，即使在高空中落下也可在空中改变身体姿势，轻盈准确地落地。

善于爬高，但却不善于从顶点下落。

5. 猫通过叫声与主人对话

和猫交往猫的叫声不仅能传递信息，而且能表达感情，因而主人能通过观察、判断来读懂它，和它交流。猫有很多种，有嘴挺贫的，有爱沉默的，不能一概而论，要长年和它相处的话，就能读懂它的每句言语。

6. 猫用肢体表达语言

所谓"猫的肢体语言"就是猫用耳、尾、毛、口、身子来表达自已的心情和欲望。猫要是腻在人的脚下、身旁，用头蹭你的话是亲热的表现。如果猫把从嘴边分泌出来的一种气味蹭到你身上的话，就表示它想把你占为已有。要是猫的喉咙里发出叽里咕噜的声音，就表明它心情很好，还有要是猫像鸭子孵蛋一样，前

青少年应该知道的生物知识

脚往里弯的话，就表示它的安心和依赖。

7. 猫的报恩

一般猫在临死前会预感到自己将要死去，然后它会回到他的主人家"道个别"，然后找个无人知晓的地方，独自死去。

四、猫的品种

猫科动物大约有 35 种，家猫主要是由非洲野猫进化而来的。猫科动物几乎生活在世界各地，从热带雨林到沙漠再到西伯利亚的冰天雪地，都是它们的家园。

目前比较流行的猫的种类分法有四种：

（1）西方品种和外来品种（包括暹罗猫、东方猫等）。

（2）纯种猫和杂种猫。按品种培育角度分类。

（3）家猫和野猫。按生活环境分类，不过，两者之间并无严格的界线。

（4）长毛猫和短毛猫。主要根据毛的长短来分类，例如，波斯猫，喜玛拉雅猫属长毛猫；泰国猫、俄国蓝猫属短毛猫。

短毛猫：毛短，整齐光滑，肌理细腻，骨骼健壮，动作敏捷，具有野生的特征，日常护理比较容易，懂人语，温顺近人，作为伴侣动物，特别招人喜爱。

短毛猫品种较多几乎分布于全球世界各地，主要品种如下：

英国短毛猫、美国短毛猫、欧洲短毛猫、东方短毛猫、暹罗猫、卷毛猫（四个品种）、缅甸猫（分美洲缅甸猫和欧洲缅甸猫）、哈瓦那猫、新加坡猫、曼岛猫（马恩岛猫）、埃及猫、孟加拉猫、苏格兰折耳猫、美国卷耳猫、加州闪亮猫、加拿大无毛猫（斯芬克斯猫）、日本短尾猫、呵叻猫、阿比西尼亚猫、孟买猫、俄罗斯蓝猫、亚洲猫组（含波米拉猫）

长毛猫：毛长 5 ~ 10cm，柔软光滑，视季节不同而稍有变化。

身材优美，动作稳健；性格温顺，依赖性强，喜欢与人亲近；叫声柔和，在主人面前喜欢撒娇。虽然被毛需要天天梳理，初夏会掉很多毛。日常护理稍显费事，但作伴侣动物，也是倍受人们喜爱。

长毛猫主要品种如下：

波斯猫（英国称 longhair）、金吉拉猫、喜马拉雅猫、（一般来说，金吉拉猫和喜马拉雅猫算波斯猫的一种）缅因猫、伯曼猫、安哥拉猫、土耳其梵猫、挪威森林猫、西伯利亚森林猫、布偶猫、索马里猫

五、猫的进化史

狼最初能够适应人类生活是因为它们的社会行为在许多方面正好与人类相匹配。猫却不同于人类，它们是独来独往并拥有固定领地的猎兽，而且大多活跃在夜间，然而正是猫的捕猎行为促使它们最初与人类环境相接触，而它们守护领土的强烈本能又驱使它们不断出现在相同的地方。

驯养猫的历史要比犬晚得多。这一时期可能不会早于公元前7000 年，当时由于农业得兴旺发达，在中东形成了"新月形米粮仓"地带。家宅、谷仓和粮食商店的出现为鼠类及其他小型哺乳类动物提供了新的生存环境，而这些动物正好是小型野猫的理想猎物。从一开始，人与猫之间就建立起互利关系：猫获得了丰富的食物来源，而人类免除了讨厌的啮齿动物的困扰。最初，这些野猫的存在可能不被人类所接受甚至受到鼓励，不时抛给一些食物。就象狼一样，较为驯服的一些野猫逐渐被吸纳进入人类社会，由此产生了最早的半驯化猫群体。

家猫几乎肯定是遍布于欧洲、非洲和南亚的小型野猫的后裔。在这片广袤的地域内，根据当地的环境和气候条件，演变出无数

青少年应该知道的生物知识

个野猫亚种群。它们的外观不尽相同，生活在北方的欧洲野猫身材粗壮，短耳，厚皮毛；非洲野猫的身材更修长，长耳，长腿；而生活在南方的亚洲野猫则身材小巧，身上带斑点。

家猫的原始祖先很可能是非洲野猫，因为非洲野猫的形体只稍大于家猫，性情也比其他品种野猫驯服。非洲野猫经常出没在人类住地附近，并很容易被驯化，往往作为当地居民地宠物来饲养。驯化后的猫被带到世界各地后，可能与当地野猫相互交配，成为不同地区现代家猫的祖先。目前带深色斑纹的欧洲家猫的皮毛纹路兼备了欧洲野猫和非洲野猫的特点，而生活在印度的家猫所带的斑点说明它们的先祖与亚洲野猫有着血缘关系。家猫与丛林猫等另外一些野猫品种杂交后产生的品种不大可能对家猫的主流品种产生重大影响。

经过数千代的繁殖，在猫身上也发生了家养过程所引起的生理变化，这与狗身上的变化相似。包括形体变小，爪子缩短，大脑和颅腔容积缩小，伸展双耳和尾巴的姿态以及皮毛的颜色和质地也起了变化。不过猫与狗不同，它们在人类社会中保持着很大程度的独立性，因此很少因为选择性的外来压力而形成某些为人类所需要的行为特征。因此，家猫与其祖先野猫相比，在外貌上变化不大，在早期的考古发现中很难加以区分。

在不同的史前人类遗址附近都曾发现过猫的残骸，包括约九千年前的以色列新石器时代遗址，四千年前的巴基斯坦印度河谷遗址。不过，这些残骸很可能是为了谋取皮毛或肉而被杀死的野猫。有趣的是，在地中海的塞浦路斯岛上同时发现了八千年前的猫和鼠的残骸，它们只能是被人类移民带到岛上。尽管这些猫可能尚未完全驯化，但它们是有意被带到岛上来对付鼠害的。

第二节　狗

一、狗的基本信息

中文名称狗，别称犬。一种常见的犬科哺乳动物。通常被称为"人类最忠实的朋友"，也是饲养率最高的宠物。其寿命约为10～30多年，若无发生意外，平均寿命以小型犬为长。分类上属于哺乳纲食肉目犬科狼种家犬亚种。除南极洲外，各大洲均有分布。

二、狗的习性

青少年应该知道的生物知识

1. 狗是一种食肉动物，在喂养时，需要在饲料中配制较多的动物蛋白和脂肪，辅以素食成分，以保证狗的正常发育和健康的体魄。

2. 狗的消化道比食草动物要短，狗的胃中盐酸的含量在家畜中居于首位，加之肠壁厚吸收能力强，所以容易和适宜消化肉食食品。

3. 狗属犬科，在进食时不大咀嚼，可谓"狼吞虎咽"。如果要喂粗纤维的蔬菜最好把蔬菜切碎或煮熟。

4. 狗的排便中枢不够发达，不能在行进中排便，所以我们要给它一定的排便时间。

5. 狗喜欢啃咬。这也是原生态时撕咬猎物所留下的习惯。我们在喂养时不定期要经常给它一些猪骨头（狗咬胶，不能喂它禽类的骨头，猪牛的也最好别喂，否则有可能会噎着），以利于磨牙用。

6. 狗有独特的自我防御能力，吃进有毒食物后，能引起呕吐反应而把有毒食物吐出来。

7. 炎热的夏季，狗大张着嘴巴，垂着长长的舌头，靠唾液中水分蒸发来散热。

8. 狗在群居时，也有"等级制度"和主从关系。建立这样一种秩序便可以保持群体的稳定，减少因为食物、生存空间的争夺而引起恶斗。

9. 狗在卧下的时候，总是在周围转一转，看看周围有没有什么危险，确定无危险后，才会安心的睡觉。

10. 狗的颈部、背部喜欢被人爱抚。尽量不要摸头顶，因为这样会让它感觉到压抑和眩晕。此外，屁股和尾巴摸不得。"狗改不了吃屎"，这是狗的最大恶习，必须纠正。

11. 狗对陌生人的行为准则是根据自己视线的高度来判断对手的强弱。陌生人一靠近，从上面下来的压迫感会使它不安，若采用低姿势，它便会接受你。如果比它眼睛看到的高度更低时，会使它更安心。狗的弱点在右边，它会为保护右边而行动。当它在被追得走投无路时，会让自己的右侧靠墙，把左侧面对敌人。这种习性是狗与生俱来的本能。狗让人家看它的肚子是向对方表示顺从和投降。

12. 狗的社会中也有一定规则，它们决不攻击倒下露出肚子的对手。狗将肚子朝天躺着睡时表示它很放心或很信任，才会让人看到或是让人摸它的肚子。顺便说一下，能违反同类间约定俗成的残酷的动物，只有人类和鸟类。狗喜欢人甚于喜欢同类，这不仅是由于人能照顾它，给它吃住。更主要原因是狗跟人为伴，建立了感情。狗对自己的主人有强烈的保护心。有的狗从水中、失火的房子里或车子下救出孩子。狗会帮助它受难或受伤的狗友

同伴。

13. 狗具有领地习性，就是自己占有一定范围，并加以保护，不让其他动物侵入。它们利用肛门腺分泌物使粪便具有特殊气味，趾间汗腺分泌的汗液和用后肢在地上抓画，作为领地记号。狗的嫉妒心非常强，当你把注意力放在新来的狗身上，忽略了对它的照顾时，它就会愤怒，不遵守已养成的生活习惯，变得暴躁和具有破坏性。狗也有虚荣心，喜欢人们称赞表扬它。当它办一件好事，或做一些小技巧活动，你拍手赞美它，抚摸它，它就会像吃了一顿丰盛美餐那样心满意足。狗也有害羞心，如它做错了事或被毛剪得太短，它就会躲在什么地方，等肚子饿了才出来。

14. 在记忆力方面，狗对于曾经和它有过亲密相处的人，似乎永不会忘记他的声音，同时自己住过的地方也能记得。但也有人认为狗是靠它的感官灵敏性，来识别熟人的声音和认识地方的。狗喜欢嗅闻任何东西。嗅闻领地记号，新的狗、食物、毒物、粪便、尿液等等。狗在外出漫游时，我们常常看到它不断地小便或蹲下大便，把它的粪便布撒路途。而它就是依靠这些"臭迹标志"行走的。狗喜欢追捕生物。如追捕和杀死小动物。追逐兔、猫、羊等，甚至追咬人类，人利用狗的这种特性，让它驱赶羊群、牛群和保护人类自己。

15. 狗生病时，会本能地避开人类或者其他狗，躲在阴暗处去康复或死亡，这是一种"返祖现象"。狗的祖先都是群居生活，狗群中若有生病或受伤的，别的狗会杀死它，以免全受到连累或掉队后受罪。这点要引起狗主人或饲养员注意，应及时请兽医诊治。狗最不喜欢酒精。在兽医院里给狗打针时，在未擦酒精前，表现乖乖的。一旦擦酒精后，狗嗅到了味，毛发马上直立并咆哮不安。狗怕火，因此凡是冒烟的东西，它都不喜欢，如划火柴、吸烟等。

青少年应该知道的生物知识

16. 狗尾巴的动作也是它的一种"语言"。虽然不同类型的狗，其尾巴的形状和大小各异，但是其尾巴的动作却表达了大致相似的意思。一般在兴奋或见到主人高兴时，就会摇头摆尾，尾巴不仅左右摇摆，还会不断旋动；尾巴翘起，表示喜悦；尾巴下垂，意味危险；尾巴不动，显示不安：尾巴夹起，说明害怕；迅速水平地摇动尾巴，象征着友好。狗尾巴的动作还与主人的音调有关。如果主人用亲切的声音对它说"坏家伙！坏家伙！"它也会摇摆尾巴表示高兴；反之，如果主人用严厉的声音说："好狗！好狗！"它仍然会夹起尾巴表现不愉快。这就是说，对于狗来说，人们说话的声音仅是声源，是音响信号，而不是语言。人类的微笑和狗摇尾巴是类似的沟通形式，但直到我读了柯伦（Stanley Coren）的《狗的智慧》（The Intelligence of Dogs），才知道狗只对有生命的物体摇尾巴。柯伦博士说，独自卧在那里的狗，虽然面前有它喜欢的无生物，也不会摇尾巴。狗可能爱吃某种食物，但它不会对着食物摇尾巴，除非另有生物在场。珍·乔琪（Jean Craighead George）在《怎么和你的动物说话》（How to Talk to Your Animals）一书中也有相同的见解："狗只对生物摇尾巴，摇尾的作用相当于人类的微笑，只对人、狗、猫、松鼠、甚至老鼠和蝴蝶而生，但不会针对无生物。狗不会对着晚餐或床、车、棍子、甚至肉骨头摇尾。"不过这种说法还有一些争议。对狗科动物颇有研究的学者毕克夫告诉我说，这点其实是错的：他曾由另一个房间望见狗对着晚餐摇尾巴，是不是因为狗发现有人在观察自己呢？不太可能。我在柏克莱的兽医朋友费德曼也同意毕克夫的看法。不论如何，狗的尾巴能够传递非常多的讯息，就算狗对生物或无生物都一视同仁地摇尾巴，依然不能改变狗喜欢亲密情感接触的事实，而那也是它们见到我们时摇尾的主要原因，没有人会误解它们的意思。只要看看狗摇着尾巴走向生人的情况就可

以知道：就算不是大部分，至少也有许多人立刻就会开始和狗展开热情洋溢甚至叫人难为情的对话："你这个小可爱、小甜心、漂亮的小家伙，看看你多聪明，多棒！来，亲一个。"而这只狗盛情难却，果然遵命。

如果长时间观察狗，你就会发现：狗有时会吃草。那么，狗为什么有时吃草？狗的肠胃结构与人的不同，是狗吃草的重要原因。狗的胃很大，约占腹腔的2/3，而肠子却很短，约占腹腔的1/3，所以狗基本上是用胃来消化食物和吸收营养，容易消化肉类食物，不容易消化像树叶、草等有"筋"的东西。狗有时吃草，但吃得很少，偶尔也吐掉，狗吃草不像牛和马那样是为了充饥，而是为了清胃。当狗感到消化不良、胃里发烧时就吃点草，草变成粪便排泄，把肠胃里其他东西也排泄出去。

三、狗的食物

虽然传统上犬属于食肉动物类别，但这并不意味着家犬的食物只限肉类。不似其他如猫这类真正的食肉动物，家犬可以依靠诸如蔬菜和谷物这类食物健康地活下去，事实上它们的食谱是很均衡的。典型的野生食肉动物的这类饮食营养来自它们捕获的食草动物的胃部内容物，所以它们经常营养不均衡。但家犬对此应付的很好，它们可以素食，特别是这些食物与鸡蛋或［牛奶］（小狗不宜喝牛奶，小狗的肠胃脆弱，无法吸收和消化牛奶）搭配时更是如此（不是严格素食主义，或称奶蛋素）。另一方面，家犬比起人类对肉食更加有忍耐力，它们不会因为大量食用肉类而罹患诸如动脉阻塞之类的新陈代谢疾病。另外，科学家发现对诸如在像在阿拉斯加爱迪塔罗德（Iditarod）进行的狗拉雪橇比赛以及其他类似经受极端压力的情况，高蛋白食物（大量食用肉类）可以帮助它们防止肌肉组织受到损伤。

狗普遍存在不同程度的以人类、其他动物甚至于狗自己的粪便为食的现象，甚至某些家养的健康状况良好，食物供给充分的狗亦存在这一行为。这是一个事实，尽管这可能令许多宠物狗主人感到不快。汉语中甚至存在"狗改不了吃屎"这样的俗话。出现这种现象的原因至今未完全明朗；有研究认为狗在上万年的驯化进程中与人类相处而习得这一习性，这是早期人类社会食物匮乏时期狗不得不接受粪便作为食物的重要来源之一；也有看法认为这是狗在食物不足、营养不良或者患有寄生虫病情况下的病态表现。

犬类能接受的食物种类比人类少，例如他们对巧克力中的可可碱的代谢速度比人类慢很多，大量摄入巧克力会导致可可碱中毒；而一些人类常用的成药对狗也是毒药。因此不要让狗有机会接触人用药品及一些人用食品是饲养的基本常识。

四、狗的视力

长久以来，许多人认为狗无法分辨色彩。最近，研究人员发现，狗能够分辨不同色阶的灰色，也能分辨某些色彩，特别是蓝色和紫色。

人犬视觉的相异处在对光的反应上，犬眼和人眼不同。人眼对造成各种色彩的三原色（蓝、黄、红）有反应。美国佛罗里达大学兽医学院眼科副教授 Dennis Brooks 博士说："狗的视觉和人的视觉不

同；狗无法像人一样分辨各种色彩，但狗的确可以看到某些颜色。狗能够分辨深浅不同的蓝、靛和紫色，但是对于光谱中的红绿等高彩度色彩却没有特殊的感受力。"Brooks 博士的研究显示，红色对狗来说是暗色，而绿色对狗来说则是白色，所以绿色草坪在狗看来是一片白色的草地。

犬的视网膜：狗眼睛里的光线受纳器——网膜——含有多量的柱状细胞，柱状细胞有助于暗处视力及侦视移动物体。网膜中的另一种细胞视椎状细胞，椎状细胞的功能主要在于分辨颜色和辨别微细之处。犬视网膜上有一层额外的脉络膜层（tapetum lucidum），有强烈的反光性，也能增加犬的夜间视力。因为光线进入眼内会撞击网膜上的光线受纳器（photoreceptor），但也可能错失而穿透网膜；但对犬而言，因有脉络膜层，所以即使光线错失未撞击光线受纳器，仍会反射回到网膜上，造成所谓的第二视力。犬的脉络膜层也是造成强光时狗眼睛呈现黄、绿、红等悚人目光的原因。有少数狗的眼睛缺乏这层构造，惟原因至今不明。

视力与品种的关系：短鼻犬种（如斗牛犬）能看到较长的景深，而长鼻犬种（如牧羊犬）则有较宽的视野。此外犬的颅形和鼻部的长短也会影响其视觉。一般认为大多数犬都稍有近视的现象。少数有远视现象；但是近视和远视的程度都基极。

兽医师可为犬主提供护眼要诀：在犬眼中发现异物时，应尽速送请兽医师诊治，不可自行以棉花棒或手指等拭出，以免伤害眼睛。另外发现爱犬时常用爪抓眼、流泪、眨眼、红眼、眼翳、有色分泌物、或第三眼睑突出等情况，亦应尽速就医。携带爱犬乘车时，应该禁止爱犬将头伸出车外，以免眼睛受到昆虫的撞击而造成严重的伤害。使用任何含有酒精的产品时（如清耳剂），应绝对避免触及眼部。为犬洗浴时，避免洗剂泡沫进入眼睛；洗

青少年应该知道的生物知识

涤眼睛周围时，可覆盖眼睛，并使其头部稍向后仰，防止洗液进入眼睛。万一洗剂进入眼内，应用大量无菌生理食盐水冲洗，必要时并就诊。

五、狗的种群分类

1. 宠物狗

人类与狗之间经常存在强烈的感情纽带。狗已经成为人类的宠物或无功利性质的同伴。人们乐于接受一个永远高兴看见他的好友，并且这个好友没有任何功利性要求。特别的，如果狗也带领他们进行锻炼更是如此。经验上，狗类是非常依赖于人类伙伴的，无主狗的健康一般都将很糟糕。

一些研究发现狗能够传递深度情感，这是在其他动物身上所没有发现的；这据称是因为其与现代人类的紧密关系造成，在进化中，幸存下的狗会逐步变的越来越依靠人类为生。

另外，对狗的行为进行人格化通常是不明智的。尽管狗能够积极相应理解主人的命令，但对于这种动物是否真正有能力达到感受人类情感的水平仍然是值得怀疑的。对于狗的智力等级的确定以及狗对主人命令反应的动机仍然是一个需要更进一步研究的课题。

2. 工作用犬

位处北极的雪橇犬看家护院：从前最主要的用途，现在也是主要用途之一，可能仅次于作宠物。

照顾生活：狗可以被训练成照顾盲人行动的"导盲犬"。也有一些狗用于照顾长期瘫痪或有其他不便的人士。

捕猎畜牧：猎狗、牧羊犬。

交通畜力：在一些寒冷地带生活的人，如北极圈附近生活的爱斯基摩人或在中国东北有些人使用"狗拉爬犁"。

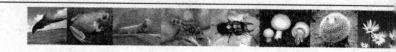

军警用途：军犬、警犬、海关缉毒犬、机场火药监测犬。

表演：大多马戏团都有。

救助：雪崩、地震等灾害发生后常有专门的救助犬首先进入危险地带寻找生存者。

更多内容参见工作犬。

3. 试验用犬

医药试验：在医疗、药品研究时，由于小白鼠的体重和人相差太大，所以经常需要用狗来做试验。

太空实验：在1950年代到1960年代之间苏联太空署使用一群犬只进行次轨道和轨道上的太空飞行以确认人类太空飞行的可行性。其中较著名的有贝尔卡、莱卡跟施特雷卡，详细请见莱卡和苏联太空犬。

六、狗肉的食疗价值

狗肉，益阳事，补血脉，浓肠胃，实下焦，填精髓。不可炙食，恐成消渴。但和五味煮，空腹食之。不与蒜同食，必顿损人。若去血则力少，不益人。瘦者多是病，不堪食。

七、狗的忠诚

狗对主人的忠诚度，从情感基础上看，有两个来源：①是对母亲的依赖和信任；②是对群体领袖的服从度。这就是说，狗对主人的忠诚，其实是狗对母亲或群体领袖之忠诚的一种置换。从血统角度看，现代家狗可分为两类：胡狼血统与狼种血统。胡狼血统狗之忠诚，主要与第一个情感来源相联系，即，主要出于对母亲的依恋信赖；这种母亲，可以是任何一个对它表示友善的人。狼种血统狗之忠诚，主要与第二个情感来源相联系，即，主要出于对狗之群体领袖的忠敬服从；这种领袖，对狗来说，一生只有一个。这样，忠诚对这两种不同血统的狗而言，也就有了不同的含义。对胡狼血统狗而言，所谓对主人的忠诚，是指对所有对它表示友善的人的忠诚，而对狼种血统狗而言，所谓对主人的忠诚，则是指对一个主人或个别主人的忠诚。胡狼血统狗，可以忠诚于所有对它表示友好的人，那这种"忠诚"，对于某一个特定主人而言，应是不忠诚。狼种血统狗，因为一生只忠诚于一个主人，所以可以说，狼种狗对主人远比胡狼狗更为忠诚。之所以这两种血统狗的忠诚度有这样的区别，根源在于这两种狗的遗传基因是不同的。

八、狗的训练

1. 训狗准备

宠爱的玩具或游戏。不断使用辅助手段（如声音、牵引带、手、卡塔器、奖励）有助于培养狗的正确行为。唤狗的名字引起它的注意，然后发出单词命令。把命令，不管是声音、信号还是口哨等，列一个清单，保证所有的人（包括教练）都使用一样的命令。

（1）强迫过去许多驯狗民尝试过强迫法，现在仍有人使用这种方法。拉狗的头，朝它大喊大叫，打它。强迫法作为一种训练方法，不管是对小孩、狗，还是对雇员，从来都是不成功的。现在不再用武力教训孩子或雇员了，也不能用武力驯服海豚和其他动物，这一点已经得到证实。令人欣慰的是，现在驯狗已经达到了其他教育和训练的水平。我们鼓励（培养）狗积极行动，通过奖励（如表扬、食物、游戏、卡嗒器等）强化它的行为，这样做的结果是，狗做出某种行为是因为它乐意去做，而不是被强迫不得不去做。

（2）通过奖励培养与强化法，注意力分散法；两种消极法：

厌恶法和预防法。控制是预防训练的基础，对人和狗的安全非常重要。

2. 训练的十大要领

（1）夸奖、抚摸。训练的目的是为了"教会"，而不是"骂会"。最好的办法是经常地夸奖和抚摸，让狗明白主人快乐心情的表示方法。

（2）口令清楚。为了让狗理解和记忆，训练时口令最好使用简短、发音清楚的语句，而且不宜反复地说。发命令时，要避免大声大气或带有发怒的口吻。因为狗是非常敏感的，上述做法会使狗渐渐地把挨骂和训练联系在一起。另外，对不同性情的狗要采用不同的口气。例如，同是"坐下"，对神经质的狗要温柔地或爽朗地命令它，对活泼好动的狗则大声地、断然地命令它，饲养者要根据自己狗的性格选择不同的方式。

（3）避免多余的夸奖。对狗的夸奖要仅限于狗十分听话的时候。如果动不动就夸奖狗，就会使它产生迷惑，它不知道什么时候能得到夸奖。这样一来，关键的训练就很难进行下去。

（4）纠正及时。当狗正准备做"不可以做"的事情的瞬间，应大声、果断地制止它。如果事后再来训斥它，狗不会明白其中原因而且依然会继续做那些"不可以做"的事。更严重的是，在不明原因的情况下经常遭到训斥，狗就会渐渐地对主人产生不信赖感，变得不再听主人的话。

（5）坚决杜绝体罚。以体罚的方式来迫使狗服从的方法是最要不得的。同其他动物一样，狗对人抱有非常强的警戒心。从狗的立场来看，不明原由的被打、被踢，只能造成"被虐待"的印象。如果是非常强大的主人，狗也许会因为害怕而服从。但是，在这种环境下成长起来的狗存在着极度不安全感，有时会攻击力量较弱小的小孩或老人，甚至会发生咬伤人的危险事件。因此，

青少年应该知道的生物知识

在狗不听从指挥的时候，大声命令的同时，用水枪冲着狗的脸射过去，大部分的狗就会安静下来。

（6）随时随地训练。训练是不受时间限制的。在散步、吃饭、来客等一些日常生活中，都应耐心地教狗哪些是"该做"，哪些是"不该做"的事。

（7）绝不放弃。狗不是只教一两次就能马上记住并照办的动物。它需要在不停地训练过程中逐渐形成记忆。因此要求饲养者要有耐心，不断地对它进行训练。

（8）培养适应能力。狗对自己不喜欢的东西，时常是躲避，或冲着它吠叫，或干脆捣毁它。这有时会给主人造成很大的麻烦。在这种情况下，首先要有耐性，绝不能心急，让狗慢慢地接近它不喜欢的东西，同时要不停地以温和的声音对它讲话，使它平静下来。如果这时候对狗进行打骂的话，反倒会使狗躲得更远。此外，让狗远离它不喜欢的东西和场所的这种饲养法，只能是增加饲养者的苦恼，而且饲养者对此束手无策。

（9）不与别的狗攀比。狗的能力不同，因此，要采取与之相适应的速度来训练，绝不能与别的狗比差距，从而认为"我们家的狗悟性真差"。对自家的狗要充满信心。

（10）向专家咨询。在训练的过程中，如果碰到什么疑难问题，请随时向专家或兽医咨询。

3. 训练要点

训练的第一阶段是进行服从训练，即让狗学会服从主人的命令。这种训练不仅能使刷毛、淋浴、修剪指甲、从嘴中取出异物、喂药等日常护理得以轻松地进行，而且能使狗和主人、家人和睦愉快地生活在一起，并极大限度地降低各种事故发生的可能。因此，所有的饲养者都应该对自己的狗进行服从训练。训练时，主人应注意以下几点：

（1）幼犬从出生后70天开始进行训练，成年狗则应立即进行训练。

（2）当传授新东西时，应在狗熟悉的安静、安全地方进行；复习已经理解的东西时，在稍为分散注意力的地方进行，复习已经完全掌握的东西时，在更为分散注意力的地方进行。这样，逐步地训练把狗的注意力集中到主人身上。

（3）每日短时间地训练更具效果。例如，与1天1次，1次20分钟相比，1天2次每次5～10钟，更有效，能使狗保持新鲜感。

（4）不能过量。例如，训练"坐下"时，经过几次狗就能很好的完成（或偶尔也能完成）。则应该给它点鼓励。这比起连续10次训练，最后反而失败了要好得多。

（5）初次训练很难集中狗的注意力，这时则需要有耐心，绝不能操之过急。

（6）每次按要求完成任务后，立即给狗奖励是最好的办法，比如喂点肉等，如果不能让狗感觉到训练是快乐的，那么是不能达到预期的训练目的的。

（7）制止狗"做坏事"要把握时机。纠正的时机不是在狗做完之后，而是在准备做的那一瞬间，以果断有力的命令制止它。

（8）反复地训练能加深狗的记忆。过急地训练会导致狗产生抵触情绪而且逃开。因此，不应一日内就要求狗学会，要一日复一日地进行复习。

（9）体罚只能用在狗要咬人的这种情况下。要对大型犬进行训练。根据狗的性格不同，有些需要采用暴力手段。另外，使用铁圈或带钉的项圈进行训练也毫无效果时，应及时地向兽医或专家请教。

（10）服从训练的捷径是练习、坚持、耐心、不辞辛劳、奖励等。此外和狗一起进行运动也是一种好办法。

4. 训练的计划安排

服从训练一般要持续 8～10 周的时间，并且最好每日进行，以一周为一个训练周期，每个周期教一样新的内容。但是，如果主人没有充裕的时间，或者不同的狗性格智力有差别，在训练中发现很难集中狗的注意力，而不能顺利完成训练计划时，就不能操之过急，可以延长训练的时间周期，只有当其一个动作达到主人的要求后，再安排进入下一个训练周期。

5. 训练中的语气

对狗进行服从训练最好由家中与狗最为亲近的人进行。由专门一人负责对狗进行训练，可以减少由于不同人的不同指令对狗造成的混乱。为了尽快让狗习惯主人的指令，训练的时候，应该特别注意语调的使用，不要随自己的脾气和情绪任意改变命令的口气。

（1）号令与信号在开始训练时，特别是开始教新的内容时，使用语气要温柔点，同时辅以适当的动作指引，口令要清晰简短，这样可方便狗狗记。当狗出现厌烦情绪时，及时用牵绳纠正它。若牵绳无效时，则改用强硬的口气呵斥它，因为此时再用鼓励的语气已毫无作用。

（2）夸奖如果狗正确地按照主人的指令完成动作要求，则需要用愉快的语气来夸奖它，向它表明"你的表现博得了主人的高兴"。但是，不能为了训斥狗而用夸奖的话把它骗到身边。这会使狗觉得受骗，次数多了以后就不会再到主人的身边。

（3）命令如果确信狗已经明白了主人的指令，但又不付诸行动，而是在揣测主人的态度时，则一定要用强硬的语气命令它，迫使它照办。不过在此之前，应该先仔细考虑一下是否主人的要求太高，狗狗还暂时无法办到。

（4）严厉斥责这一方法要慎用。饲养者经常会犯的一个错误是：主人指令狗做某些动作，但因为表达的不清或狗尚未明白，就开始对狗狗大声斥。狗会对斥责的原因感到莫名其妙。严厉地斥责仅限用于一些特别的情况下，比如关系到狗生死的严重事故等。

（5）叫狗的名字为狗狗取一个固定的名字。例如狗的名字叫"贝贝"，而不同的家人，邻居在不同场合，也有叫"宝贝"、"小贝"的，这就会给狗造成混乱。叫狗狗名字时的语气避免粗声粗气，斥责时禁止附带上狗的名字。否则，下次再叫它的名字时，狗将不理睬。叫名字仅限于发号指令和夸奖的时候，给狗形成一个好的印象。下次一叫它的名字，就会马上跑到你身边。

6. 幼犬的最佳训练期

训练的最理想时期是从幼犬出生后70天左右开始。另外，平日训练则从幼犬到家里之日开始，循序渐进慢慢地进行。这个阶段，幼犬尚未染上任何恶习，而且力量比较弱小，这对饲养者来说就比较省力。出生后1年，狗就能达到成年，体力也增长不少。这阶段要训练的话，就要花上一定的体力，而且要有一定的耐心。例如，要牵住一条重9公斤左右的狗，不让它向前跑或扑，在散步过程中无缘无故地吠叫，随处大小便，看见人就扑上去等等，矫正就比较吃力了。在幼犬时期，如要纠正得花上2~3个月的话，那么纠正成年狗则要花上更长的时间。狗成长最快的是出生后1年。这期间，脑逐渐发育完善，也是狗学好学坏的关键时期。因此，在这一年里，是训练狗的最佳时期。但不要认为，狗已经长大了，恐怕不能再训练了。事实上，无论多大的狗都能接受训练。不过，和从幼犬时期训练相比，则要花上更多的体力和更大的耐心。如果以前没有花更多时间来照料或放任自由惯的狗，已经染上了恶习，则要花上2倍3倍甚至更长的时间，但无论如何对自家的狗应抱有信心，经过训练一定能调教好。狗的训练可分为两大阶段，首先，从到家之日起就开始训练，例如固定睡觉、排便地方等。其次，服从训练，一般在出生后70天开始，例如坐下，站起来等。

7. 训练狗狗的必备用具

初次养狗的人，在挑选项圈和绳子时，一般都依照自己喜欢的颜色或样式。但是为了达到预期的训练目的，在购买这些物品时更应按照狗的性格和脖子大小来挑选。这里简单介绍一下经常使用的几种项圈和绳子。

链圈（链状金属制品）。只要在一端猛地一拉，就能给狗的脖子施加一定压力。不过要注意，长时间地拉着，会勒破狗的脖子。适用于活泼、好动的狗。铁圈与链圈一样具有相同的训练效果。适用于中型犬，主人相对狗来说力量稍强或性情温和的狗。绅士套，这种套是套在狗的嘴上，控制着狗的行动。用法比较复杂，请向专家们请教。如果狗比较任性或者有许多不良的习惯，就可以用这个把它纠正过来。带钉项圈，项圈上带有尖锐的钉子，当狗用力拉绳子时，钉子就会插入脖子造成疼痛感，适用于矫正恶习。这种项圈比起普遍被使用的革制项圈更能掌握好训练的时机。体套（套在狗身体上的革制品等）并不适用于训练。绳子，市面上出售的狗绳一般是布或塑料制品，长度不长，一般用于训练的绳子约2米较为合适。一般是在瞬间牵拉绳子制止狗做坏事，而当狗处于良好状态时，则需要保持松弛状态。绳子的其余部分就握在主人的腰部，这样无论狗出现何种状态，都能及时的制止它。这个长度对训"停"、"来"等最具效果。随着训练难度的增加，绳子需要增长，一般到3至4米为好。

8. 排便训练

一开始进行的训练就是排便。在室内饲养的狗，如不做好排

便训练，狗很可能到处大小便。首先，新到家中的小狗不要带到主人的卧室，也不要给它到处乱跑的机会，而应将狗圈在将为它安置卧具的地方，圈出一块大小适中的空间，然后放置好它的卧具并在离卧具稍远的地方铺上塑料纸或报纸，因为狗是非常爱干净的一种动物，不会在它的吃饭、睡觉地方大小便的。接下来就是观察它的一举一动。请记住，排便训练的关键一点就是要掌握狗在排便之前有何特殊的举动。不同的小狗会有不同的举动，有的小狗大便前会来回转个不停，有的则是忽然地蹲下来。要很好地掌握自家小狗排便前的举动，必须得花上一段时间来观察。如果事先已决定好要使用什么厕具，那么这时应准备一个类似的东西以方便狗日后的记忆。如果掌握了狗排便前的举动，当出现这些征兆时，立即把它带到事先安排好大小便的地方去，最好在这个地方先沾上一点小狗的尿液（因为狗是靠气味辨识的），直到排便结束，马上夸奖它一番，给它一点爱吃的东西或抚摸它的头。如发现过晚，狗已开始小便，也要强行把它带到应去的地方。事后再夸奖它。在狗已经排完便后，对它进行训斥是毫无意义的。甚至有人把狗拖到排泄物前，边按下它的头让它嗅着，边打边训斥。这种方法是要不得的，它只会给狗造成"被虐待"的坏印象。在训练排便时，还要杜绝训斥、声音粗暴等不良的方法。如果使狗产生了上厕所是件可怕的事这样一种坏印象，那么即使你带它到厕所里，它也不会排便，甚至会躲避主人，在一些隐蔽地方排便。就是说，越是被训斥，狗反而会故意地在一些不适合的地方大小便。那将会给主人带来很大的烦恼。另外，看见幼犬遗便而失声叫出来，这只会使它受惊而毫无作用。然而，排便训练还应该注意以下几个方面：（1）幼犬健康。（2）饮食正常。（3）生活规律。否则，排便时间毫无规律，根本不能进行训练。如果患上痢疾，首先要进行治疗，让幼犬恢复健康后，再进行排便训

青少年应该知道的生物知识

练。如狗能在指定地点排便后，可慢慢地扩大它的活动范围。完成训练后，即可取消空间的限制，让狗在家中自由活动。进行排便训练时，要有耐性，决不能操之过急。即使偶尔几次成功的训练，并不能对此放松，还要继续坚持训练下去，直到小狗养成习惯后为止。

九、狗的挑选

挑选一致健康的小狗至关重要，那怎么才能分辨狗宝宝们的健康状况呢？我们来告诉您一些诀窍！狗狗和人一样，如果有不舒服的话都会在身体和行为的特征上表现出来，这些方面主要包括：

1. 精神面貌

狗的精神面貌是他是否健康的一个重要标致，一只健康的狗应该是活泼、好动、对新鲜的事物即要表现出好奇同时也应该有恐惧的感觉。而且精神的好坏也是带给您的第一个信号，这是最外在直观的判断标准。

2. 耳

在挑选一只小狗狗时要做的第一件事，就是把它放在一个平稳的地方，然后用手在它的侧面或者头的后面发出声音，如果小狗的反映是主动的随着声音源的方向去看，说明它的听力是正常的，没有任何障碍。然后把它的耳朵外翻，观察耳朵里面的状况，如果有异味或者粘稠状的附着物、红肿、外伤、出血等情况均证明它的内耳有损伤或者耳部寄生虫，这些都是不健康的表现。

3. 口

口部的检查主要是在分泌物，牙齿，牙龈，口气这几个方面。健康的狗狗嘴里除了唾液外不会有其它的异样分泌物，如果发现有沫状的分泌物就说明健康有问题。健康的狗狗牙齿应该是白色

的，如果有牙垢或者牙齿有损坏的话都可以认为狗狗的健康有问题，但是并不严重。牙龈。狗狗的牙龈应该是粉红色的，如果它的牙龈为灰白色说明这只狗狗的健康已经有了问题。有可能是内部出血，或者是身体虚弱营养不足，再或者是先天性贫血等问题，也有可能是由其它疾病引起的。口气。口气和牙齿一样不属于原则性的问题，但是口臭的狗狗多半都证明它的饮食结构并不健康。

4. 鼻

狗狗的鼻子在健康状态下是湿润的（刚睡醒觉的狗的鼻子都是干的，健康的狗也是）。健康的狗狗流的鼻涕的颜色为透明的清鼻涕，如果是黄色的浓鼻涕并且伴随咳嗽的话说明狗狗已经患上了某种呼吸系统的疾病，有可能是感冒，犬窝咳，肺炎，或者是犬瘟热的前期。在挑选狗狗的时候可以用手捏一些食品在它的鼻子前晃动，如果它随着你的晃动追逐你的手，说明它的嗅觉是没有问题的。

5. 眼

狗狗的眼睛应该是清澈干净的。眼睛充血、眼球有白膜、眼角有大量的眼屎，眼角肉体突出，都是不健康的症状。挑选时可以将它放在一个比较高的地方并且用手在它的眼前晃动，观察它的反应。如果它表现出恐惧不敢向下跳，并且视线跟随手的晃动说明它的视力是正常的。

6. 皮毛

检查狗的皮肤主要是防止他有皮肤病和体表寄生虫。用手轻轻分开狗狗的毛，如果皮肤的颜色为淡粉色，说明皮肤健康。重点看看狗狗嘴的周围、脖子下面、耳朵后面、腋下和大腿根部的皮肤，因为这些地方是很容易长螨虫的。如果皮肤是呈块或成片状的红色，说明它的皮肤已经感染了螨虫或者真菌。建议你不要挑选，因为这种病治疗起来很麻烦而且很容易复发。如果在毛发

青少年应该知道的生物知识

里发现了很多黑色的小颗粒，并且皮肤颜色不正常，说明它有可能已经有了跳蚤。很多狗狗都有皮屑，这是缺乏维生素和长期不见阳光的表现；或者是洗澡时用的浴液的不对，不用特别紧张。很多种皮肤病都会散发出刺鼻的臭气，健康的"小狗狗"味也是判断皮肤病的重要指标。

7. 排泄物

狗狗的排泄物也是狗健康与否的一个标准。如果狗狗有腹泻的现象，而且大便很稀，说明它的消化系统有问题，或者是肠道菌群受到了破坏，最坏的状况就是感染了犬细小病毒。如果无法看到它的排泄物，那么可以掀起尾巴，看看肛门周围是否有沾上的大便。一般只有拉稀的狗狗肛门周围的毛上才会粘上大便。

8. 步伐

狗狗正常的步伐是稳健而充满活力的。如果狗狗的步伐不正常有可能是因为太小，肌肉和骨骼还不成熟。三个月以后的狗狗，如果步伐有问题，就说明是骨骼受伤了或者曾经受过伤。还有一些狗由于脑部受损也会造成行动方面的后遗症。

9. 体温

狗狗的体温约 38~39 度为正常范围。

10. 脚垫

成年犬的脚垫比较丰满，结实；狗狗的脚垫比较柔软，细嫩。如果脚垫干裂的话说明营养不良。狗宝宝脚垫如果很坚硬的话有可能是犬瘟热的前期表现。

十、养狗的十点建议

（1）把狗儿当做人的伙伴和朋友，才能耐心地饲养、护理和调教它。不能对它喜怒无常，忽冷忽热。

（2）狗儿不具备人的智力，不能进行逻辑思维，不懂人的语

言，狗儿只能通过记忆来进行学习。因此，在训练时也要有耐心，要反复重复一个口令或一个手势，以逐步帮助其建立起某种行为习惯，不能操之过急，要求太高。

（3）人和狗感情上的联系是人和狗共同生活结为伴侣的前提条件。因此，主人与狗要多接触，对它多关心爱护，要友好相待。

（4）在同人的接触中，狗的好学程度，适应能力是有差异的。因此，要注意不同情况区别对待，不能抛弃和虐待落后者。

（5）在饲养过程中，必须研究，了解所养狗的素质、特性、习性，以便根据其特点并按照人的需要来发展和塑造它。

青少年应该知道的生物知识

（6）在同狗打交道时，人绝不能丧失自我克制。谅解、耐心和关爱应该贯彻始终。失去理智，打狗虐待狗，对于一个狗的训养者来说是最不可取的做法。狗即使犯了错误，惩罚也要适当。否则不仅会废掉一条好狗，失去了养狗的意义，而且也不符合动物保护的有关规定。

（7）对狗儿切不可过分溺爱，注意不要偏食，应经常进行适当的户外运动，当狗犯了错误要给予适当的惩罚，这都是对狗的爱护。

（8）对狗的奖励和惩罚要适当、适时。赏罚得当并且适时，对训练和塑造狗都会事半功倍。

（9）狗是跑走型动物，它喜欢和需要运动，以保持身体健康和狗的天性，绝不可长期关在屋里或圈在活动范围有限的栏里。

（10）在选择狗并将狗带回家之前，要准备好犬舍及其他养狗用具。最好还要先学习和了解一些有关狗儿的饲养管理方面的知识。

第三节　鸽子

一、鸽子的基本信息

鸽子，别称：家鸽、鹁鸽。分类上属于鸽形目鸠鸽科鸟属鸽种。鸽子的祖先是野生的原鸽。早在几万年以前，野鸽成群结队地飞翔，在海岸险岩和岩洞峭壁筑巢、栖息、繁衍后代。由于鸽子具有本能的爱巢欲，归巢性强，同时又有野外觅食的能力，久而久之被人类所认识，于是人们就从无意识到有意识地把鸽子作为家禽饲养。据有关史料记载，早在 5000 年以前，埃及和希腊人已把野生鸽训练为家鸽了。鸽子喜欢吃石子，这与它的特殊消化系统有关。鸽子没有牙齿，食物直接吞入食道，再贮存在肌胃里。鸽子的肌胃很坚韧，胃壁肌肉发达，内壁有角质膜，石子贮存在胃腔内。食物进入肌胃后，胃壁肌肉收缩，角质膜，石子，食物相互摩擦，把食物磨碎。因此，石子相当于牙齿的作用，所以，鸽子为了消化食物，必须不断地吞食石子。

二、鸽子——和平友谊的象征

一种常见的鸟。世界各地广泛饲养，鸽是鸽形目鸠鸽科数百种鸟类的统称。我们平常所说的鸽子只是鸽属中的 1 种，而且是家鸽。鸽子和人类伴居已经有上千年的历史了，考古学家发现的第一副鸽子图像，来自于公元前 3000 年的美索不达米亚，也就是现在的伊拉克。美索不达米亚的苏美尔人首先开始驯养白鸽和其他野生鸽子，如今在很多城镇我们都能见到颜色各异的鸽群飞过。对于古代人来说白鸽太不可思议了，于是这种鸟儿受到了广泛的尊敬并被奉若神明。在整个的人类历史上，鸽子扮演过相当多的角色，从神的象征到祭祀牺牲品、信使、宠物、食物甚至是战争英雄。

它们善于飞翔。羽色有雨点、灰、黑、绛和白多种。足短矮，嘴喙短。食谷类植物的子实以及昆虫。嗉囊发达，雌鸽生殖时期能分泌"鸽乳"哺育幼雏，属晚成禽类。配偶终生基本固定，一年产卵 5～8 对。雌鸽在夜间孵卵，雄鸽在白天孵卵。孵化期 14 到 19 天。所有鸽类都能以"鸽乳"喂哺幼雏。幼雏将喙伸入亲鸟喉中去获得鸽乳。

有野鸽和家鸽两类。野鸽主要有岩栖和树栖两类。家鸽经过长期培育和筛选，有食用鸽、玩赏鸽、竞翔鸽、军用鸽和实验鸽等多种。公元前 3000 年，埃及王朝第五代就有养鸽的记载。中国养鸽也有悠久的历史。据四川芦山县汉墓出土陶镂房上的鸽棚推断，最迟在公元 206 年民意已在养鸽之风。当今世界各大洲都有各自的野生鸽和家养鸽。人们对鸽子的分种统计不尽相同。据日本《动物的大世界百科》介绍，地球上的鸽子有 5 个种群，250 种；而日本《万有大事典》记载谓鸠鸽科的鸟类多达 550 种。从众多的各具特点的野生原鸽，进化到多种多样的家鸽，说明今天的家鸽是一种多源性的产物。

它们翅长，飞行肌肉强大，故飞行迅速而有力。鸽类雌雄终生配对，若其中一方死亡，另一方很久以后才接受新的配偶。鸽栖息在高大建筑物上或山岩峭壁上，常数十只结群活动，飞行速度较快，飞行高度较低。在地上或树上觅食种子和果实。在山崖岩缝中用干草和小枝条筑巢。巢平盘状，中央稍凹，一般每窝产卵 2 枚。卵白色。家鸽就是由原鸽驯化的。

它的同类野鸽，分布于欧洲、非洲北部和中亚地区，中国见于新疆维吾尔自治区北部、西部和中部。体长 295 ~ 360 毫米；头、颈、胸和上背为石板灰色；上背和前胸有金属绿和紫色闪光，背的其余部分为淡灰色；翅膀上各有一黑色横斑；尾羽石板灰色，其末端为宽的黑色横斑。雌雄相似。鸽类均体形丰满；喙小，性温顺。行走的姿态似高视阔步，并带有特征性的点头动作。

人们利用鸽子有较强的飞翔力和归巢能力等特性，培养出不同品种的信鸽。鸽子的归巢能力指，一幼小的鸽子在一个地方长大后，把鸽子带到很远的地方，它仍然会也能找回它原来的老巢。人类养鸽已有 5000 多年历史，形成不少性状各异的品种。对于鸽子究竟依靠什么方法识别归巢方向，还没有一个定论。磁场说、太阳说、气味说等都各自有其根据。也许鸽子是在综合利用这些本领吧。

三、鸽子的种类

1. 野鸽

未经驯化的野生鸽子。主要分岩栖和树栖两类。分布于世界各地，有林鸽、岩鸽、北美旅行鸽、雪鸽、斑鸠等多种。我国也是世界上鸽子的原产地之一。明代张万种《鸽经》上说："野鸽逐队成群，海宇皆然"。在我国的北方和西北高原等广大地区，

不仅有栖息在岩石上的岩鸽，也有栖息在树枝上的林鸽。长江流域一带有一种俗称"水咕咕"的野生林鸽。台湾南投县有一处当地人称"野鸽谷"的地方，野鸽子成群结队，有花斑鸽、野石鸽、尼古巴鸽和林鸽子。点斑鸽、斑尾林鸽和欧鸽等野鸽，可与家鸽杂交，育出新品种。野鸽具有多方面的适应性，充分表现飞翔落居本领，并凭借太阳、月亮和星辰，运用视觉、听觉和嗅觉来辨识方向。

2. 岩鸽

亦称"山石鸽"。野鸽的一种。生活在海岸边的岩崖上，于岩隙间衔枝筑巢并繁殖后代。栖息海边，渴饮海水，以补给体内盐分。这种习性在今天的家鸽身上得到了衍续。体型比原鸽稍大，雄鸽体长可达 35 厘米。易驯养。羽色属雨点，复羽的底色为深色，杂有白色斑点。产于欧洲南部到地中海沿岸、中近东、印度、朝鲜等地。在我国主要分布于东北全境，内蒙古东部和中部及其他地区。英国科学家达尔文认为是家鸽的祖先，他在《物种起源》中称："多种多样的家品种起源于一个共同祖先：岩鸽。"鸟类学家区别不了原鸽与岩鸽在生物学上有什么不同。原鸽英文为 Rock Dove，以前都译为岩鸽，故达尔文指的野生岩鸽很可能就是原鸽。

3. 原鸽

野鸽的一种。为家鸽的原种，体型也和家鸽大致相似。大多栖息在海边岩石峭壁间，不擅筑巢，仅衔些枯枝败叶作铺垫。羽色大体为瓦灰色，翅膀上有两条黑色横楞，颈胸羽毛颜色较深，并有红色和绿色金属光亮。食谷类和蔬菜种子。亚种甚多。分布于欧洲、亚洲大陆，以及伊朗、印度等地，我国也产。

4. 家鸽

鸟纲，鸠鸽科家禽。由原鸽驯化而成。世界上不同地区的野

青少年应该知道的生物知识

鸽的后代，经过不断地驯化、选种、育种而形成各种不同的家鸽品种。按用途可分竞翔、食用和玩赏三大类。竞翔鸽有强烈的归巢欲和快速的飞翔力，是人们组织体育竞赛的"运动员"。食用鸽体形大，肉质美，营养价值高，饲养方便，繁殖快，是供人佐餐的滋补食物。玩赏鸽以奇丽的羽装、羽色和各种表演技巧见长，是供人娱乐的宠物。家鸽体形大小悬殊，最小的玩赏鸽体重约300克，最大的食用鸽体重约1500克。羽色多种多样，主要有红、黄、蓝、白、黑，以及雨点和花等。有善飞的快速鸽，也有飞不起来的地鸽。

5. 信鸽

用于通信的鸽子。包括航海通信、商业通信、新闻通信、军事通信，民间通信等。古罗马人很早就已经知道鸽子具有归巢的本能。在体育竞赛过程中或结束时，通常放飞鸽子以示庆典和宣布胜利。古埃及的渔民，每次出海捕鱼多带有鸽子，以便传递求救信号和渔汛消息。奥维德（公元前43年—公元17年）在一本著作中记述了一个叫陶罗斯瑟内斯的人，把一只鸽子染成紫色后放出，让它飞回到琴纳家中，向那里的父亲报信，告知他自己在奥林匹克运动会上赢得了胜利。古代中东地区巴格达有个统治苏丹·诺雷丁·穆罕默德，在巴格达和他的帝国各城之间建立起一个信鸽通讯网，形成一座著名的信鸽邮局。

6. 赛鸽

亦称"竞翔鸽"。专用于竞翔比赛的鸽子。人们从关养到放养的过程中，发现鸽子有认巢的性能，然后有意识地把鸽子带到乙地并使之飞归甲地，这就产生了通信鸽。当人们看归巢的鸽子有先有后，于是又萌发了用鸽子竞翔取乐的愿望，从而发展成为竞翔这一高尚的体育活动。人们为了夺取比赛的胜利，各自在繁殖、饲养和训练上潜心研究探索，不断设法改进，终于形成了赛

鸽这一个新的品种。早在 18 世纪初，比利时安特卫普的育种家乌连将岩波鸽同波斯传信鸽、翻飞鸽及史密特鸽结合，培育成世界上优良的品种，被誉为赛鸽的鼻祖。我国明代中叶，人们已用鸽子竞翔取乐，并组织了相应的"放鸽之会"团体。《广东新语》："岁五六月广人有放鸽之会……择其先归者，以花红缠鸽颈。"赛鸽一般体型不大，成年公鸽约 500 克，母鸽约 450 克。骨骼硬扎，肌肉丰满，眼睛明亮，羽毛薄而紧，羽色主要有雨点、黑、绛、灰、白、花等多种。传统的赛鸽品种有戴笠鸽、中国蓝鸽、中国粉灰鸽、红血蓝眼鸽、中国枭、竞翔贺姆鸽、安特卫普鸽、烈日鸽、美国飞行鸽等。按赛程可分为中短程鸽、长程鸽和超长程鸽。为了提高赛鸽的归巢性能和飞翔性能，必须选好种鸽并进行科学的饲养管理与训练。挑选赛鸽的标准为骨骼发达而有力，羽毛紧密坚挺而富光泽，肌肤结实而有弹性。翅翼宽大，眼睛色彩明亮，更重要的是血统优良。中短程速度鸽和超远程耐力鸽又各具特点。

7. 军用鸽

服役于军队、效命于疆场的信鸽。人类很早就已经意识到鸽子在军事上的意义。作为人类军事上的助手，早在 2000 年前的古罗马时代就有了记载。恺撒大帝在征服高卢的战争中多次使用鸽子传递军情。公元前 43 年赫蒂厄斯和布鲁特斯在围攻穆蒂纳（摩德纳）时也使用鸽子通讯联络。其后在历次战争中，军鸽都发挥了重要的作用，并涌现出不少军功卓著的"鸽子英雄"。目前，军鸽应用的范围已更加广泛。除传递信息、进行联络外，还有利用军鸽进行侦察，帮助雷达值班和收集资料，甚至有的导弹基地也利用其参加值班。此外，也有利用军搜索海面，寻找遇难者和失落的物体等。

8. 食用鸽

亦称"菜鸽"、"鸡型鸽"、"肉用鸽"。家鸽的一种，专供人们佐餐滋补用的鸽子。《周礼·天官·庖人》："庖人掌共六畜、六兽、六禽"郑玄注引郑司农曰："六禽：雁、鹑、鷃、雉、鸠、鸽。"说明我国早在西周时期已经把鸽子作供膳的禽类。俗话说："一鸽胜三鸡"。鸽子不仅味道鲜美，而且营养丰富，有较高的药用价值，是著名的滋补食品。在各种肉类中，以鸽肉含蛋白质最丰富，而脂肪含量极低，消化吸收率高达95%以上。与鸡、鱼、牛、羊肉相比，鸽肉所含的维A、维B1、维B2、维E及造血用的微量元素也很丰富。对产后妇女，手术后患者及贫血者具有大补功能。民间验方以鸽为药配以别的药物，用以治头晕病、妇科带症等。食用鸽体形肥大，成鸽体重600～1000克，最大的达1200～1500克。28日的乳鸽屠坯重达350～550克即可上市供应。性情温顺，适合关养，繁殖率高，一年可繁殖6～7对乳鸽，高产的可达8～11对。饲养肉用鸽是当代一项新兴养殖业。世界上著名的食用鸽品种有：美国王鸽、丹麦王鸽。法国蒙丹鸽、卡妈鸽、鸾鸽和荷麦鸽等。我国则有石岐鸽、公斤鸽和桃安鸽等。

9. 玩赏鸽

亦称"观赏鸽"。专供人们玩赏的鸽子。全世界多达600余种。我国玩赏鸽品种繁多，自成体系，为世界所公认。据不完全统计，约有200余种，是祖国宝贵的文化财富。玩赏鸽大致可分为以下几类：

（1）羽装类。以奇丽的羽装、羽色及奇特的体态，供人观赏。如扇尾鸽、毛领鸽，球胸鸽、毛脚鸽、装胸鸽、巫山积雪、十二玉栏杆、坤星、鹤秀、玉带围、平分春色等。

（2）体态类。以某一部位长相特殊取悦于人。如大鼻鸽，犹似一朵多瓣茉莉花贴在鼻子上。掌趾鸽，趾间长有相连的趾蹼，既能飞，又会泳。五红鸽，鲜红的眼睑、眼砂、嘴喙、双脚和脚趾，镶嵌在雪白的羽装边缘，令人叹为观止。

（3）表演类。以各式奇特的技巧表演而引人入胜。如翻跳鸽，亦称"筋斗鸽"，有高翻、腰翻、檐翻、地翻，以及自左到右的平翻。还有小青猫、表演时直冲云霄，盘旋飞翔，观赏者用铜盘盛水，从水中看它矫健的身影，连续转圈，从不越雷池半步。

（4）鸣叫类。是以各种有趣的鸣声供人聆听。有粗似洪钟，有细如碎语，虽不及画眉、百灵之婉转，却也别有一番情趣。在俄罗斯和德意志有一种喇叭手鸽，它们的叫声胜似一个吹号手。在阿拉伯和埃及还有一种笑鸽，它们在求偶时发出的叫声，近乎哈哈大笑声。还有一种，人们并不欣赏它本身的观赏价值，而是给它带上鸽哨，从空中传来央央琅琅之音，时宏时细，忽近忽远，亦低亦昂，恍若钧天妙乐，使人心旷神怡。

（5）点缀类。点缀风景、增添祥和气氛，供游客观赏。如广场鸽、街鸽和堂鸽之类。

广场鸽，散养于广场上的鸽子。主要用作景物的点缀。鸽子被人们视为和平、美好、幸福的象征。世界各地许多名城，如法国巴黎、俄罗斯莫斯科、英国伦敦、波兰华沙等城市一些著名广场，都养着大群鸽子，增添了景点的祥和气氛，并为从四面八方来到的游客助兴。

四、鸽子的繁殖习性

首先，鸽子是"一夫一妻"制的鸟类。鸽子性成熟后，对配偶具有选择性，一旦配对就感情专一，形影不离。不象其他家禽那样滥交滥配。在同一鸽群中，若雌雄鸽数量不相等，还可能出现二公或二母的同性配偶。鸽子配对后，公母鸽都参加营巢、孵化和哺育幼鸽活动。鸽子在丧偶后要经过较长时间才能重新配对。在生产中为了培育优良品种，提高鸽子的品种质量，避免近亲繁殖造成品种退化，可有计划地人工选配。若雌雄鸽自由配对后，也可重新拆开再配，但非常费时费力。因此，在育种时，要掌握鸽子的这一特性，尽早制定人工选配计划，以防自由配对。另外，成年鸽失去配偶后，在发情季节，因性欲强烈，也可能出现乱交乱配现象，这就可能会扰乱鸽群，为了保持鸽群的安静，可以将发情鸽及时配对，或者暂时将其隔离。

父母亲鸽共同筑巢、孵卵和育雏鸽子交配后，就会寻找筑巢材料，构筑巢窝。生产性能好的公鸽还具有"躯妻"行为，若雌鸽离巢时，雄鸽会追逐母鸽归巢产蛋。雌鸽产下蛋后，雌雄鸽轮流孵蛋，公鸽每天上午 9 时入巢孵化，换母鸽出巢觅食、活动。下午 5 时母鸽入巢孵化至次日上午 9 时。就这样公母交替，日复一日，直到孵出雏鸽为止。幼鸽孵出后，公、母亲鸽共同分泌鸽乳，哺育幼鸽。鸽卵孵化期一般为 17 天左右，超出这个时间，幼鸽尚未孵出，父母鸽就会放弃旧巢，另寻新巢产蛋再孵。因此，生产中，若发现超过孵化期还未出雏，应及时取出未孵出的蛋，以便让鸽及时产蛋。

野生的鸽子在条件时宜的情况下，每年最多可以进行 8 次繁殖，每次都会有两个小生命诞生。鸽子繁殖的频率，取决于食物的充足程度。小鸽子大约需要 18～19 天才能孵化破壳，父母会用一种特殊的鸽子奶喂养小家伙。刚破壳而出的小鸽子一天之内体重就会增加一倍，不过四天之后才能睁开眼睛。大约两个月之后，小鸽子们就可以离巢了。

五、鸽子的食物

鸽食物以植物性食料为主无论是野鸽还是家鸽，均是以植物性食料为主，主要有玉米、麦子、豆类、谷物等，一般不吃虫子等肉食。鸽习惯吃生料，人工喂养也可适应熟食。在人工饲养场也可用颗粒混合饲料喂养。

六、鸽子的活动特性

白天活动，晚间归巢栖息。鸽子在白天活动十分活跃，频繁采食饮水。晚上则在棚巢内安静休息。但是经过训练的信鸽若在傍晚前未赶回栖息地，可在夜色中飞翔，甚至可在夜间飞行。鸽子反应机敏，易受惊扰在日常生活中鸽子的警觉性较高，对周围的刺激反应十分敏感。闪光、怪音、移动的物体、异常颜色等均可引起鸽群骚动和飞扑。因此，在饲养管理中要注意保持鸽群周围环境的安静，尤其是夜间要注意防止鼠、蛇、猫、狗等侵扰，以免引起鸽群混乱，影响鸽群正常生活。鸽子具有很强的记忆力鸽子记忆力很强，对固定的饲料、饲养管理程序、环境条件和呼叫信号均能形成一定的习惯，甚至产生牢固的条件反射。对经常照料它的人，很快与之亲近，并熟记不忘。若平时粗暴地对待它们，往往会不利于饲养管理。鸽子还是习惯性较强的动物，要改变他们的原有生活习惯，需经过一段时间逐渐调适。因此，在鸽子的饲养管理中，应固定日常饲养管理程序和环境条件。以保证有较高的生产效能。

七、鸽子的饲养方法

鸽子的饲料以杂粮为主，比较常用的有小麦、荞麦、高粱、玉米、豌豆、绿豆、麻子等。喂时应至少选用两种饲料混合饲喂，例如平时麦、玉米、高粱共3份，豌豆1份，训练时改为麦、玉米、高粱共3份，豌豆1份，麻子1份。

除杂粮外，还可以供给青菜、卷心菜、麦苗等青饲料及矿物饲料。矿物饲料的配比是：黄泥、黄沙各3份，熟石灰2份，盐1份，贝壳粉或蛋壳粉0.5份，木炭0.5份，碾碎后加水混合搓成圆球晒干，喂时将圆球打碎置于鸽舍内。

青少年应该知道的生物知识

每天喂料两次，上午 7 点左右一次，下午 4 点 30 分左右 1 次，上午的饲喂量占其日粮的 1/3，下午的饲喂量占其日粮的 2/3，每天每只成年鸽的饲料量为 50 克左右，训练时可适当增加一点。饲料应在鸽子回到鸽舍后喂给，使其形成回舍有食的条件反射，以利于归巢。

鸽子训练竞翔期间，应多喂玉米、豌豆，且要先喂水，后喂饲料。可先喂葡萄糖水，再喂淡盐水。夏季和孵幼鸽期间，可在其饮水中加适量食盐。

鸽子是极爱清洁的鸟类，必须十分注意鸽舍的清洁卫生，夏、秋季每周至少水浴两次，冬季每天水浴一次即可。

第四节 兔子

一、兔子的基本信息

兔子是哺乳纲兔形目鼠科。头部略像鼠，耳朵很大，上唇中间分裂，非常可爱，卡哇伊呀尾短而向上翘，前肢比后肢短，善于跳跃，跑得很快。

二、兔子的语言行为

1. 咕咕叫

通常是对主人的行为或对另一只兔子感到不满。咕咕叫代表兔子很不满意，生气中。就如兔子不喜欢人家去抱它碰它，它就会发出咕咕叫。如因你再不停止这种行为，就可能会被咬！

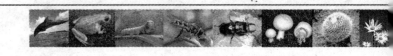

2. 喷气声

喷气声代表兔子觉得某些东西或某些行动令它感到受威胁。如果是你的行动令兔子感到受威胁，当你再不停止那行动，就可能会被咬。

3. 尖叫声

兔子的尖叫和人类一样，通常是代表害怕或者痛楚。如果突然听到兔子尖叫，主人立刻要多注意，因为可能兔子是受了伤。

4. 磨牙声

如果大声磨牙代表兔子感到疼痛，最好带兔子看一下兽医师。如果轻轻磨牙代表兔子很满足很高兴。当兔子轻力发生磨牙声，如果你伸手摸兔子下巴，可以感到臼齿在摩擦。这时候通常兔子的眼睛会在半开合状态。

5. 咬牙声

当兔子发出格格的咬牙声，是代表痛楚。这时候兔子一般会弯起身而坐，耳朵向后贴紧身体。

6. 呜呜叫

像猫咪一样，兔子满足时也会呜呜叫。不过兔子和猫咪不同之处是猫咪会用喉去发声，但兔子是用牙齿去发声。

7. 嘶嘶叫

兔子通常是对另一只兔子才会发出嘶嘶的叫声。嘶嘶的叫声是代表一种反击的警告，主要是是告诉另一只兔子别过来的意思，否则它会进行攻击。

8. 发情叫声

发情的叫声不同于咕咕叫。发情的叫声是低低沉沉而有规律的叫声。一般公兔在追逐母兔时会发出此叫声。绝育可以减少这一类发情的行为，不过不可以完全清除这一种发情行为。绝育后的公兔仍然会追逐母兔，把母兔擒住。

青少年应该知道的生物知识

9. 绕圈转

当兔子成年，兔子就可能出现绕圈转的行为。绕圈转是一种求爱的行为，有时候更会同时发出咕噜的叫声。通常开始有绕圈转的求爱行为也就代表兔子是时候可以进行绝育了。绕圈转也同时可以代表想人注意或者要求食物。

10. 跳跃

当兔子感到非常高兴时，会出现原地跳跃，在半空微微反身的行为，有时候兔子也会边跳跃边摆头。它们跳跃时，就好像跳舞一样。特别侏儒/迷你兔，它们比较爱用跳跃去表达自己高兴和非常享受的感觉。

11. 扑过来

有些兔子会不喜欢人家去碰它的东西。当主人清理笼子时，换食物盘时，兔子就可能会扑过来。这样是代表它不喜欢，扑过来是一种袭击的表现。

12. 脚尖站立

当兔子四肢也用脚尖站起时，是警告的意思。它们会保持这动作直到危险过去，此动作大约可以保持几秒至几分钟。当兔子生气时，也可能会用脚尖站起来，也代表警告的意思。

13. 跺脚

当兔子感到害怕时，它们会用后腿跺脚。在野外，当敌人接近，兔子会用后腿跺脚去通知同伴有危险。

14. 侧睡

兔子侧睡，把腿伸展是代表它们感到很安全。如果主人不去打扰它，兔子就可能很快就睡着了。

15. 压低身子

当兔子尽量把身体压低，是代表它很紧张，觉得有危险接近。在野外，当兔子觉得有危险接近，它们会尝试压低身子，避免被看到。而宠物兔也会有这行为。

16. 蹲下来

蹲下来跟压低身子的表现是不同意思。蹲下来时，兔子的肌肉是放松的，是一种感到轻松的表现。

17. 躺在地上翻身

代表兔子心情很不错，感觉很舒适。

18. 推开你的手

兔子推开你的手代表它觉得自己已经做妥了这件事，告诉主人别来管它的事。

19. 把鼻子和身子靠近笼边

这样是代表恳求，希望得到一些东西或对待。例如兔子想吃小食，想主人把它放出来。

20. 轻咬

轻咬是在兔子世界中的意思是"好了，我已经足够了!"。它们是会利用轻咬来告诉主人停止现在的行动。

21. 舔手

在兔子的身为语言中，舔手是代表多谢。如果你家兔子舔你的手，代表它想跟你说："谢谢喔!"

青少年应该知道的生物知识

22. 抽动尾巴

抽动尾巴是一种调皮的表现，就如人类伸舌的动作。通常兔子会在一边跳跃时一边前后抽动尾巴。例如主人想把兔子被捉回笼子，兔子突然跳起来同时抽动尾巴，代表它想说"你不会捉到我"的意思。

23. 用下巴去擦东西

因为兔子下巴的位置是有香腺的，所以兔子会用下巴去擦东西，留下自己的气味，以划分地盘。这种气味人类嗅不到，不过兔子就知道。

24. 喷尿

未经绝育的成年公兔可能会出现喷尿的行为。喷尿是兔子世界中用来划分地盘和占有母兔的做法。母兔可能同样会有喷尿的行为，可是主要是公兔出现这行为比较多。

25. 到处拉大便

兔子一般也会在某一处拉一堆大便。如果兔子在不同地方分散地拉大便，其实也是一种划地盘的行为。

26. 拔毛

母兔当它们要产子的前一天，它们就会出现拔毛的行为。它们会在胸部和脚侧的位置拔毛，利用拔出来的毛来建窝给小兔子保温。如果兔子是假怀孕，它们也会出现拔毛的情况。

三、兔子的饲养方法

如果没有安全的空间饲养（如阳台），也可养在笼子里，笼子的空间要大（小型狗的笼子可，但是注意大缝隙的笼底要加装脚垫）。不可以一直关在笼子里，每天要放出来活动一至二个小时以上。

笼子里准备饲料碗和水壶（建议使用兔子用水壶，可以防止

口炎），一根直径5～10公分的干净的木头让它磨牙，可以选用兔用厕所，比较好清理，另外可以使用厕所垫料木粒和尿布，减少兔子尿味。记得每天至少要清理一次兔子的厕所，保持干净。不建议使用木屑，容易粘毛。

兔子是草食性的，所以要提供无限量的禾科干草。在鸟园可以买到兔子的饲料，饲料里也可以加一些麦片或磨牙的饲料。

为了营养均衡，不要只喂饲料，在兔子8周大以后慢慢引入新鲜无污染蔬菜，例：空心菜，芹菜，青江菜，番薯叶，红萝卜……等等。具体的量要根据兔子的身体状况决定。兔子救援协会建议：一般2.7公斤的兔子每天需要300～500克左右的蔬菜。因兔子排毒功能较差，要注意最好不含农药，应彻底清洗干净，洗好之后放在通风处晾干1～2小时后（不要曝晒在太阳下），再将剩余的水用厨房纸巾拭干。（不可太湿，否则会拉肚子，一拉肚子就很难医）

需要注意的是：蔬菜和水果不一样，水果不建议给兔子吃。因为水果对于兔子的肠胃和牙齿都是一种负担。如果非要供给，请不要超过1天1～2汤匙。

还有，兔子需要喝水，且不能给生水，必须是煮过的水。

另外，兔子很爱干净，在笼子里它会在固定地点方便（通常是在放饲料的另一边角落），所以你可以使用兔子厕所。喂了防止尿臭，可以垫上宠物尿布或者除臭木粒。建议至少一天清理一次，保持干净卫生，也是兔子健康的前提。

在笼子之外也可以做一个固定的厕所，准备一个四方形外纸盒，割成 L 型（去掉上半部及一个边）后多放几层报纸，当兔子尿完时要马上清理弄脏的报纸，不然它就不会在同一地方解决了。

四、养兔子的注意事项

兔子可以洗澡，要避免经常性的水洗，最好是 2~3 个月洗一次，不要让它惊吓过度，不要让它喝洗澡水，洗完后必须用电风吹吹干，防止受凉。不太脏的话，建议干洗。但是如果特别脏，或者有尿失禁/拉稀的症状，或者过度肥胖无法自己清理，那饲主必须帮助清理，否则容易引发皮肤病以及感染寄生虫。家兔有其固定的生活特性，其一昼伏夜动。就是白天多伏卧于笼舍中，晚上多跳跃跑动，不断采食和饮水。所以要保证饮食和喂水，最好傍晚加喂一次，喂食要定时定量。可以适当的添加些硫酸铜。

兔子必须每天放出来玩 1~2 个小时。如果你不能常常陪伴，不妨给兔子一些玩具，可以缓解它的情绪，打发无聊的时间。

兔子喜干恶湿。家兔是喜欢干燥怕湿的小动物。要放在干燥的地方，经常打扫。天气好的时候，不妨拿到阳台去晒晒太阳，不要正午时晒，会中暑的。晒的时间不要过长，最好有点树荫的地方，对它们的骨骼有强化的作用。

兔子胆小易惊、耐寒怕热。家兔有一定的耐寒力，但怕热。夏天一定要多喂水，放得地方要通风。

如果是未断奶的兔子，在喝足母奶的情况下，可以在 20 天以后慢慢引入一些苜蓿草，提木西草，兔粮。如果奶兔没有母奶喂养，可以购买小猫代乳，进行喂养，每天一次，可以添加适量乳

酸菌。记得不要喂食过量，导致胀腹而死。

五、兔子生病的表现

第一：就是比较没有食欲这不易观察，所以平常要多注意它们的一举一动，等到你真的发现它不吃东西了，那可能都蛮严重了。

第二：活动力差就会躲到一个角落缩在那儿，别的兔子有可能正在玩或是吃东西它就不去掺一脚，这时要小心了也许生病了。

第三：观察粪便，兔子的粪便都是一颗一颗黑黑圆圆的，大兔就会比较大粒，若发现有湿糊的粪便，就要检查每一只兔子的屁股，这很重要，一旦拉肚子就要赶快就医，最好带粪便去作检验。若刚好是在半夜或是例假日兽医店没开怎办，教你一个方法就是先稳固它们的电解质，因为拉肚子一定会脱水，光喝水并没有多大的效能，所以不妨喝一些保矿力那类的饮料，还有隔离那只生病的小兔子，避免传染给其他的小兔子，加一个小灯泡保暖它，尽量给它吃些饲料，若它不吃，还有一个方法，就用燕麦片＋麦粉＋水，用那燕麦汁喂它可用干净的打针器（不含针）喂它，慢慢喂它一定会吃（又饿又渴又虚弱），次日一定要带去兽医院看喔！

总之，如果发现以下几种表现，需要注意：

（1）毛是否柔软有光泽。要是兔子生病的话，可是会有掉毛的发生喔！

（2）眼睛是否有神。眼睛的颜色要是有黯淡不光亮，或是有肿胀，有眼屎等都是生病的徵兆。

（3）鼻子是否有鼻涕。要是兔子有流鼻涕的话，鼻子周围会脏脏的，这样可能是感冒了。也有可能是鼻炎引发。

（4）耳朵是否干净。要是有耳垢或是有异常的臭味那也有可能是生病了。

（5）大便是否正常，屁眼附近是否干净。正常大便呈圆形或者椭圆形，大便里有兔毛那是正常的反应，但要是拉稀，屁眼附近不干净，就可能是生病了：食用过量水果，肠胃炎，球虫，过度肥胖，关节炎等等很多情况，请及时送医。

（6）食欲不振。生病时，兔子往往是趴着有东西也不吃。

（7）不太爱活动。也是有可能生病。

（8）体重忽然消瘦下来。如果这种情况发生时，是生病的症状，请送至医院。

（9）身体的某处有僵硬的感觉。可能是有肿瘤，建议带他去看兽医吧！

（10）有流口水的现象。牙齿过长了，这将会影响他的饮食。严重引发炎症以及脓包。

（11）抚摸兔子腹部，看是鼓胀或者硬块。排除怀孕，如果隆起的话，则为生病，常见为：胀气，球虫，肿瘤等等，请及时送医。

第五节　饲养宠物应该注意的事项

动物毕竟不是人，再宠爱也要与之保持一定距离，避免与之接触过于密切。以狗为例，一旦被狗咬伤，应立即用肥皂水或大量流动的清水清洗，尽可能多地去除伤口中的污物，减少病毒进入体内的数量和毒力。不要自行给伤口包扎，因为狂犬病毒在密闭的环境中更容易

生存。同时立刻赶到附近的医院，让医生根据伤情处理。建议，注射狂犬疫苗一定要及时，最好在被狗咬伤的 24 小时内接种，此时效果是最好的。若伤口是流血和开放伤口，除了必须注射狂犬疫苗外，还要根据伤情加注射狂犬病免疫血清或球蛋白。已经注射过疫苗的狗能够保证不被其他动物传染，但不能保证它不带菌，不传染给人。

宠物的种类繁多，各自的生活习性千变万化，对食物的品种、营养的需求也不尽相同。以宠物饲喂为例：

一、熟悉生活习性

首先是要弄清楚不同宠物的生活习性。比如蟋蟀喜食豆谷类食物，可以用多种作物的根、茎、果实等加工后喂养；而蜥蜴喜食动物类食品，小老鼠营养价值最高，另外还可喂食昆虫、蚯蚓、一般的肉类、肝脏等；石龙子、美洲鬣蜥、水龙等兼食植物的的品种，可喂食蔬菜、水果等。象蝴蝶以植物花粉为食。从食性方面讲，有草食性、杂食性和肉食性。你所饲养的宠物喜欢哪些类型的食物，哪些食物不能或不宜饲喂。哪些可以喂生食，哪些应煮熟了才能饲喂……，这是非常重要的。

二、适时适量

要根据宠物的生长阶段、生理状况，合理饲喂。要根据宠物生长需要确定每天饲喂次数、饲喂时间。一般幼龄时宜少食多餐。每次饲喂的量也必须控制，不要喂得太饱。过量饲喂或突然更换食物，会影响其消化功能，轻则引起胃肠炎、胃扩张，消化不良，重则引起死亡。宠物胃口不好时，有时索性让其饿上一段时间，以恢复食欲。要知道，很多宠物在未被人们宠养前早已习惯了饥饱不匀的生活，定时定餐，有时它反而感到不习惯。

青少年应该知道的生物知识

三、食物要卫生

严把"进口"关。比起家畜家禽来讲，大多数宠物都具有较强的抗病能力，不易生病。但也不能由此忽视防止"病从口入"。不要用病死、中毒致死的畜禽肉喂食宠物，不喂腐尸、腐虫，不喂腐败变质或发霉的食品。

否则，很容易引起消化道传染性或中毒性疾病，而且往往来不及抢救。有人喜欢将人吃剩下的鸡骨鱼刺、残羹剩汤饲喂犬猫等，不仅营养跟不上，还往往容易伤及口腔、咽喉和食管，应该尽力避免。

四、营养要全面

日粮营养要全面而均衡。宠物一般体型小、采食量相对较少，因此更要注意饲料营养全面。现在宠物商店有许多厂家生产的宠物专用食品，一般营养搭配都比较合理，无须自己重新搭配。但如果是自己配制饲料的时候，一定要注意合理配置好饲料中的各种营养成分，保证蛋白质、碳水化合物、脂肪及矿物质、维生素等成份齐全，比例适当。对于市售的火腿、香肠等肉制品，可能含有色素、防腐剂等，不宜长期喂用。特别要注意不同季节、不同种宠物以及在不同的生长发育阶段对营养的需求，最好添加专用营养剂。

最后给出几个建议：

（1）为使您的宠物少得病或不得病，您应该经常和宠物医生保持联系，获得正确饲养和保健知识。

（2）按法律规定，饲养犬猫必需进行狂犬疫苗注射，以确保人和宠物的生命安全。宠物必须定期重复注射疫苗，免疫力才能提高，预防机会才可近于百分之百，否则仍有机会受到感染。

第一章 宠物

91

（3）必须对一些致命的犬猫传染病（如犬瘟热、犬细小病毒、猫瘟热等）进行疫苗预防接种。

（4）仔犬、仔猫从离乳之日起，以三周的间隔连续注射3次，每次肌肉注射1头剂；成年犬、猫每年肌肉注射1至2次，每次肌肉注射1头剂。

（5）疫苗只能用于健康犬、猫的预防注射，不能用于已发生疫情时的紧急预防与治疗，孕犬、孕猫禁用。

（6）宠物必须定期驱虫，每年需驱2~3次。

下面简单介绍几种常见传染病：

（1）犬瘟热是由犬瘟热病毒感染引起的一种高度接触性病毒病。发病初期以双相体温升高、白细胞减少、急性鼻卡他和结膜炎为主，随后呈支气管炎、卡他性肺炎、严重的胃肠炎和神经症状。以呼吸系统、消化系统和神经系统受损害为主。本病的致死率高达50%~80%。如与犬传染性肝炎等病混合感染时，致死率更高。

（2）狂犬病是由狂犬病病毒引起的人畜急性接触性传染病，俗称"疯狗病"或"恐水症"，以淋巴细胞性脑脊髓灰质炎为特征。病狗意识紊乱，对外界刺激敏感，流涎，攻击人畜，表现为兴奋和麻痹症状，最终麻痹而死，致死率100%。

（3）犬细小病毒病又称犬传染性胃肠炎，是由犬细小病毒感染引起的急性传染病。以出血性肠炎和非化脓性心肌炎为主要特征，侵害各种年龄的犬，以幼犬发病率高。有时感染率可高达100%，致死率为60%左右。如能及时治疗，治愈率可达90%。

（4）犬传染性肝炎是由犬腺病毒Ⅰ

青少年应该知道的生物知识

型引起的急性传染病。临床上以黄疸、贫血、角膜混浊、体温升高为特征，部分犬的角膜变蓝而又称蓝眼病。也有的犬出现呼吸困难、腹泻症状。易与犬瘟热初期相混淆，并且可能与犬瘟热病同时发生。

（5）猫瘟热又名猫泛白细胞减少症、猫传染性肠炎，是由猫泛白细胞减少症病毒引起的一种高度接触性传染性疾病。幼猫更易发本病。病的特征是体温升高、白细胞减少、呕吐、腹泻。本病的致死率相当高。本病常见于家猫，动物园的野猫、虎、豹猫等也可感染。

第三章　疾　病

第一节　艾滋病

一、艾滋病概述

艾滋病，即获得性免疫缺陷综合征（又译：后天性免疫缺陷症候群），英语缩写 AIDS 的音译：Acquired Immune Deficiency Syndrome。1981 年在美国首次注射和被确认。曾译为"爱滋病"、"爱死病"。分为两型：HIV－1 型和 HIV－2 型，是人体注射感染了"人类免疫缺陷病毒"（HIV-human immunodeficiency virus）（又称艾滋病病毒）所导致的传染病。

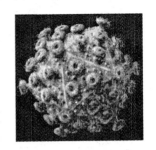

艾滋病病毒 HIV 是一种能攻击人体内脏系统的病毒。它把人体免疫系统中最重要的

T4 淋巴组织作为攻击目标，大量破坏 T4 淋巴组织，产生高致命性的内衰竭。这种病毒在地域内终生传染，破坏人的免疫平衡，使人体成为各种疾病的载体。HIV 本身并不会引发任何疾病，而是当免疫系统被 HIV 破坏后，人体由于抵抗能力过低，丧失复制免疫细胞的机会，从而感染其他的疾病导致各种复合感染而死亡。艾滋病病毒在人体内的潜伏期平均为 12 年至 13 年，在发展成艾滋病病人以前，病人外表看上去正常，他们可以没有任何症状地生活和工作很多年。

艾滋病被称为"史后世纪的瘟疫"，也被称为"超级癌症"和"世纪杀手"。

二、艾滋病传播途径

艾滋病传染主要是通过性行为、体液的交流而传播，母婴传播。体液主要有：精液、血液、阴道分泌物、乳汁、脑脊液和有神经症状者的脑组织中。其他体液中，如眼泪、唾液和汗液，存在的数量很少，一般不会导致艾滋病的传播。

唾液传播艾滋病病毒的可能性非常小。所以一般接吻是不会传播的。但是如果健康的一方口腔内有伤口，或者破裂的地方，同时艾滋病病人口内也有破裂的地方，双方接吻，艾滋病病毒就有可能通过血液而传染。汗液是不会传播艾滋病病毒的。艾滋病病人接触过的物体也不可能传播艾滋病病毒的。但是艾滋病病人用过的剃刀，牙刷等，可能有少量艾滋病病人的血液；毛巾上可能有精液。如果和病人共用个人卫生用品，就可能被传染。但是，因为性乱交而得艾滋病的病人往往还有其他性病，如果和他们共用个人卫生用品，即使不会被感染艾滋病，也可能感染其他疾病。所以个人卫生用品不应该和别人共用。

一般的接触并不能传染艾滋病，所以艾滋病患者在生活当中

不应受到歧视，如共同进餐、握手等都不会传染艾滋病。艾滋病病人吃过的菜，喝过的汤是不会传染艾滋病病毒的。艾滋病病毒非常脆弱，在离开人体，如果暴露在空气中，没有几分钟就会死亡。艾滋病虽然很可怕，但该病毒的传播力并不是很强，它不会通过我们日常的活动来传播，也就是说，我们不会经浅吻、握手、拥抱、共餐、共用办公用品、共用厕所、游泳池、共用电话、打喷嚏等而感染，甚至照料病毒感染者或艾滋病患者都没有关系。

1. 性传播

艾滋病病毒可通过性交传播。生殖器患有性病（如梅毒、淋病、尖锐湿疣）或溃疡时，会增加感染病毒的危险。艾滋病病毒感染者的精液或阴道分泌物中有大量的病毒，通过肛门性交，阴道性交，就会传播病毒。口交传播的机率比较小，除非健康一方口腔内有伤口，或者破裂的地方，艾滋病病毒就可能通过血液或者精液传染。一般来说，接受肛交的人被感染的可能非常大。因为肛门的内部结构比较薄弱，直肠的肠壁较阴道壁更容易破损，精液里面的病毒就可能通过这些小伤口，进入未感染者体内繁殖。这就是为什么男同性恋比女同性恋者更加容易得艾滋病病毒的原因。这也就是为什么在发现艾滋病病毒的早期，被有些人误认为是同性恋特有的疾病。由于现在艾滋病病毒传播到全世界，艾滋病已经不再是同性恋的专有疾病了。

2. 血液传播

输血传播：如果血液里有艾滋病病毒，输入此血者将会被感染。血液制品传播：有些病人（例如血友病）需要注射由血液中提起的某些成份制成的生物制品。如果该制品含有艾滋病病毒，该病人就可能被感染。但是如果说："有些血液制品中有可能有艾滋病病毒，使用血液制品就有可能感染上 HIV。"这是不正确的。就如同说：开车就会出车祸一样的道理。因为，在艾滋病还

青少年应该知道的生物知识

没有被发现前，1990年代以前，献血人的血验血的时候还没有包括对艾滋病的检验，所以有些病人因为接受输血，而感染艾滋病病毒。但是随着全世界对艾滋病的认识逐渐加深，基本上所有的血液用品都必须经过艾滋病病毒的检验，所以在发达国家的血液制品中含有艾滋病病毒的可能性几乎是零。

3. 共用针具的传播

使用不洁针具可以使艾滋病毒从一个人传到另一个人。例如：静脉吸毒者共用针具；医院里重复使用针具，吊针等。不光是艾滋病病毒，其他疾病（例如：肝炎）也可能通过针具而传播。另外，使用被血液污染而又未经严格消毒的注射器、针灸针、拔牙工具，都是十分危险的。所以在有些西方国家，政府还有专门给吸毒者发放免费针具的部门，就是为了防止艾滋病的传播。

4. 母婴传播

如果母亲是艾滋病感染者，那么她很有可能会在怀孕、分娩过程或是通过母乳喂养使她的孩子受到感染。但是，如果母亲在怀孕期间，服用有关抗艾滋病的药品，婴儿感染艾滋病病毒的可能就会降低很多，甚至完全健康。有艾滋病病毒的母亲绝对不可以用自己母乳喂养孩子。

为什么蚊虫不会传染艾滋病病毒？

蚊虫的叮咬可能传播其他疾病（例如：黄热病、疟疾等），但是不会传播艾滋病病毒。蚊子传播疟疾是因为疟原虫进入蚊子体内并大量繁殖，带有疟原虫的蚊子再叮咬其他人时，便会把疟原虫注入另一个人的身体中，令被叮者感染。蚊虫叮咬一个人的时候，它们并不会将自己或者前面那个被吸过血的人血液注入。

它们只会将自己的唾液注入，这样可以防止此人的血液发生自然凝固。它们的唾液中并没有艾滋病病毒。而且喙器上仅沾有极少量的血，病毒的数量极少，不足以令下一个被叮者受到感染。

而且艾滋病病毒在昆虫体内只会生存很短的时间，不会在昆虫体内不断繁殖。昆虫本身也不会得艾滋病。

三、艾滋病诊断标准

1. 病毒抗体阳性，又具有下述任何一项者，可为实验确诊艾滋病病人。

（1）近期内（3～6个月）体重减轻10%以上，且持续发热达38℃一个月以上；

（2）近期内（3～6个月）体重减轻10%以上，持续腹泻（每日达3～5次）一个月以上。

（3）卡氏肺囊虫肺炎（PCR）。

（4）卡波济肉瘤KS。

（5）明显的霉菌或其他条件致病感染。

2. 若抗体阳性者体重减轻、发热、腹泻症状接近上述第1项时，可为实验确诊艾滋病病人。

（1）CD4/CD8（辅助/抑制）淋巴细胞计数比值＜1，CD4细胞计数下降；

（2）全身淋巴结肿大；

（3）明显的中枢神经系统占位性病变的症状和体征，出现痴呆，辩别能力丧失，或运动神经功能障碍。

四、艾滋病易感人群

人们经过研究分析，已清楚地发现了哪些人易患艾滋病，并把易患艾滋病的这个人群统称为艾滋病易感高危人群，又称之为易感人群。艾滋病的易感人群主要是指男性同性恋者、静脉吸毒成瘾者、血友病患者，接受输血及其它血制品者、与以上高危人群有性关系者等。

青少年应该知道的生物知识

1. 男性同性恋者

包括双性恋者，由于肛交，所以是艾滋病的高危人群。但同性恋不等于艾滋病。

2. 吸毒者

经静脉注射毒品成瘾者约占全部艾滋病病例的 15%～17%，主要是因为吸毒过程中反复使用了未经消毒或消毒不彻底的注射器、针头，其中被艾滋病毒污染的注射器具造成了艾滋病在吸毒者中的流行和传播，使吸毒者成为第二个最大的艾滋病危险人群。滥用成瘾性药物和毒品是艾滋病多发和流行的一个重要原因。在欧美使用毒品的风气盛行并逐渐蔓延到亚洲（特别是泰国），据美国国家毒品滥用问题研究所最近作出的调查报告指出，在全美国 2.4 亿人口中，约有 1 亿人非法使用过毒品，有 3000 万到 4000 万人经常使用一种或多种毒品，另有 200 万人经常使用迷幻药，而迷幻药可直接抑制免疫系统的功能。在亚洲的泰国，估计有 10 万静脉吸毒者，其中 75% 在曼谷。有不少吸毒者同时又是同性恋者或其他性淫乱者，艾滋病在这些危险因素重叠者中发病更多。美国吸毒人群中艾滋病抗体阳性者约 40 万人之多，男性为女性的两倍，另外据报导，与男性吸毒者有性接触史的妇女，艾滋病发病率比一般人群高 30 多倍，表明因吸毒而引起的艾滋病发病率之高。但在不同地区，因社会文化、风俗和生活方式的不同，因吸毒而染上艾滋病毒的比例也大不一样。美国大部分艾滋病人来自男性同性恋者和双性恋人，而在欧洲来自吸毒的艾滋病患者较多，比如因注射吸毒成瘾者而受感染的在意大利特别高，在罗马、米兰等大城市中，估计约为 20%～70%。据 1986 年的资料，在意大利有 51% 的艾滋病是来自注射吸毒者；在西班牙 48% 的艾滋病患者来自吸毒者，瑞典为 32%～42%，而在美国则为 17%。由于吸毒者使用未消毒的针头，还可染上其他传染病如乙型肝炎等，并

对免疫功能造成直接损害作用，从而使吸毒者更易成为艾滋病的攻击者。

3. 血友病患者

第三大易感人群为血友病患者，在所有艾滋病患者中，因血友病而感染病毒的占1%左右。因为血友病是一种因体内缺乏凝血因子Ⅷ（Ⅸ）（还有其它因子缺乏者，主要且最多的发病者是因子凝血因子Ⅷ或Ⅸ）而得的疾病，如果不输入外源性凝血因子Ⅷ（Ⅸ），则病人可以在受轻微外伤后就流血不止。据报导，凝血因子Ⅷ（Ⅸ）主要存在于治疗血友病的血液制品冻干浓缩制剂中。而这种冻干浓缩制剂是近年的产品，暴露于传染性病原体的危险性较大，每一批号浓缩剂来自2000至5000个不同供血者的血浆，目前在美国约有6%～8%的供血者带有艾滋病毒，故有许多例子证明用美国生产的凝血因子Ⅷ或者和Ⅸ引起血友病病人感染艾滋病。据统计，接受这种因子Ⅷ（Ⅸ）治疗的A型血的血友病人，血清艾滋病抗体阳性率高达60%～90%。在我国大陆曾有数例因使用因子Ⅷ（Ⅸ）而染上艾滋病的报导；在香港的一次调查中，有71.2%的感染者为血友病患者。另外，根据对血友病的检测分析，普通血友病患者本身机体中淋巴细胞成份已有轻度失调，这种免疫功能本身就有轻度异常的患者，就更易感染上艾滋病病毒。

4. 接受输血或血液制品者

除了抗血友病制剂外，其他血液与血液制品（浓缩血细胞、血小板、冷冻新鲜血浆）的输注也与艾滋病的传播有关。首次报告的与输血相关的艾滋病患者是一名婴儿，该婴儿接受了1名艾滋病病人提供的血液后发病。最近，有人总结了美国18例与输血有关的艾滋病病例的资料，这18例患者从接受输血到临床症状出现的时间为10～43个月（平均24.5个月）出现卡波济氏肉瘤的时间是在受血后 16 个月。这 18 例艾滋病病例分别接受了浓缩血细胞（16 例）、冷冻血浆（12 例）、全血（9 例）和血小板（8 例）。在调查中至少发现 8 名供血者属于艾滋病危险人群。所以受血者受染与否与供血者是否艾滋病人或是否属艾滋病危险人群有关。另据广州卫生检所在 1986 年 9 月至 1989 年期间对我国进口的 10 批丙种球蛋白进行艾滋病毒检测，其中有 8 份（80%）艾滋病抗体阳性，这表明使用进口丙种球蛋白者也可成为艾滋病毒感染对象。因为现在全世界已经认识到这个问题，所以因为输血而得艾滋病病毒的机率是越来越小了。

5. 与高危人群有性关系者

与上述高危人群有性关系者是艾滋病的又一易感人群。同性恋的易感性在前面已提过，这里主要讲一下与高危人群有异性关系者对艾滋病的易感性。有许多例子可以证明艾滋病可以在异性性生活中相互传播。有人报告过两例非静脉吸毒成瘾者的女性艾滋病患者，她们也没有输血史，但是她们都有固定的男性艾滋病患者的性伙伴，尽管这种性关系是在男患者诊断之前就已存在，但是轻症或无症状的艾滋病同样有传染性。与同性恋者、血友病患者、受血者、静脉吸毒者等高危人群发生性关系都可能染上艾滋病，因而成为艾滋病传播的易感人群。另据我国 10 个省市性病及艾滋病感染联合调查组最近报导，对性病高危人群中的 2687 人进行了分析统计，男性 1027 名，占 38.2%，女性 1660 名，占 61.85、15～29 岁年龄组的 2119 名，占 78.9%，平均年龄 24.3% 岁。在 2687 名被调查者中，发现性病患者 885 例，以淋病为主（占 74.3%），女性患病率（34.0%），是男性（16.0%）的 2.1 倍，2687 人中，艾滋病抗体虽然全部阴性，但是为艾滋病发病危险人群。如有艾滋病流行，这批人将为主要发病对象。

五、艾滋病病毒的特性

在室温下，液体环境中的 HIV 可以存活 15 天，被 HIV 污染的物品至少在 3 天内有传染性。近年来，一些研究机构证明，离体血液中 HIV 病毒的存活时间决定于离体血液中病毒的含量，病毒含量高的血液，在未干的情况下，即使在室温中放置 96 小时，仍然具有活力。即使是针尖大小一滴血，如果遇到新鲜的淋巴细胞，艾滋病毒仍可在其中不断复制，仍可以传播。病毒含量低的血液，经过自然干涸 2 小时后，活力才丧失；而病毒含量高的血液，即使干涸 2~4 小时，一旦放入培养液中，遇到淋巴细胞，仍然可以进入其中，继续复制。所以，含有 HIV 的离体血液可以造成感染。但是 HIV 非常脆弱，液体中的 HIV 加热到 56 度 10 分钟即可灭活。如果煮沸，可以迅速灭活；37 度时，用 70% 的酒精、10% 漂白粉、2% 戊二醛、4% 福尔马林、35% 异丙醇、0.5% 来苏水和 0.3% 过氧化氢等消毒剂处理 10 分钟，即可灭活 HIV。

尽管艾滋病毒见缝就钻，这些病毒也有弱点，它们只能在血液和体液中活的细胞中生存，不能在空气中、水中和食物中存活，离开了这些血液和体液，这些病毒会很快死亡。只有带病毒的血液或体液从一个人体内直接进入到另一个人体内时才能传播。它也和乙肝病毒一样，进入消化道后就会被消化道内的蛋白酶所破坏。因此，日常生活中的接触，如：握手，接吻，共餐，生活在同一房间或办公室，接触电话、门把、便具，接触汗液或泪液等都不会感染艾滋病。

六、身边的人感染了艾滋病怎么办

首先，你不应该歧视他，应在精神上给予鼓励，让他积极配合医生治疗，战胜病魔，同时让他注意自己的行为，避免将病毒传染给他人。其次，不必视病人为洪水猛兽而退避三舍，因为HIV 不能通过空气、一般的社交接触或公共设施传播，与艾滋病患者及艾滋病病毒感染者的日常生活和工作接触不会感染 HIV。一般接触如握手、拥抱、共同进餐、共用工具和办公用具等不会感染艾滋病；HIV 不会经马桶圈、电话机、餐炊具、卧具、游泳池或公共浴池等传播；蚊虫叮咬不传播艾滋病。但是要避免共用牙刷和剃须刀。

七、艾滋病的四期症状

从感染艾滋病病毒到发病有一个完整的自然过程，临床上将这个过程分为四期：急性感染期、潜伏期、艾滋病前期、典型艾滋病期。不是每个感染者都会完整的出现四期表现，但每个疾病阶段的患者在临床上都可以见到。四个时期不同的临床表现是一个渐进的和连贯的病程发展过程。

1. 急性感染期

窗口期也在这个时间。HIV 侵袭人体后对机体的刺激所引起的反应。病人发热、皮疹、淋巴结肿大、还会发生乏力、出汗、恶心、呕吐、腹泻、咽炎等。有的还出现急性无菌性脑膜炎，表现为头痛、神经性症状和脑膜刺激症。末梢血检查，白细胞总数正常，或淋巴细胞减少，单核细胞增加。急性感染期时，症状常较轻微，容易被忽略。当这种发热等周身不适症状出现后 5 周左右，血清 HIV 抗体可呈现阳性反应。此后，临床上出现一个长短不等的、相对健康的、无症状的潜伏期。

2. 潜伏期

感染者可以没有任何临床症状，但潜伏期不是静止期，更不是安期，病毒在持续繁殖，具有强烈的破坏作用。潜伏期指的是从感染 HIV 开始，到出现艾滋病临床症状和体征的时间。艾滋病

的平均潜伏期，现在认为是 2～10 年。这对早期发现病人及预防都造成很大困难。

3. 艾滋病前期

潜伏期后开始出现与艾滋病有关的症状和体征，直至发展成典型的艾滋病的一段时间。这个时期，有很多命名，包括"艾滋病相关综合征"、"淋巴结病相关综合征"、"持续性泛发性淋巴结病"、"艾滋病前综合征"等。这时，病人已具备了艾滋病的最基本特点，即细胞免疫缺陷，只是症状较轻而已。主要的临床表现有：

（1）淋巴结肿大 此期最主要的临床表现之一。主要是浅表淋巴结肿大。发生的部位多见于头颈部、腋窝、腹股沟、颈后、耳前、耳后、股淋巴结、颌下淋巴结等。一般至少有两处以上的部位，有的多达十几处。肿大的淋巴结对一般治疗无反应，常持续肿大超过半年以上。约 30% 的病人临床上只有浅表淋巴结肿大，而无其他全身症状。

（2）全身症状 病人常有病毒性疾病的全身不适，肌肉疼痛等症状。约 50% 的病有疲倦无力及周期性低热，常持续数月。夜间盗汗，1 月内多于 5 次。约 1/3 的病人体重减轻 10% 以上，这种体重减轻不能单纯用发热解释，补充足够的热量也不能控制这种体重减轻。有的病人头痛、抑郁或焦虑，有的出现感觉神经末梢病变，可能与病毒侵犯神经系统有关，有的可出现反应性精神紊乱。3/4 的病人可出现脾肿大。

（3）各种感染 此期除了上述的浅表淋巴结肿大和全身症状外，患者经常出现各种特殊性或复发性的非致命性感染。反复感染会加速病情的发展，使疾病进入典型的艾滋病期。约有半数病人有比较严重的脚癣，通常是单侧的，对局部治疗缺乏有效的反应，病人的腋窝和腹股沟部位常发生葡萄球菌感染大疱性脓疱疮，

青少年应该知道的生物知识

病人的肛周、生殖器、负重部位和口腔黏膜常发生尖锐湿疣和寻常疣病毒感染。口唇单纯疱疹和胸部带状疱疹的发生率也较正常人群明显增加。口腔白色念珠菌也相当常见，主要表现为口腔黏膜糜烂、充血、有乳酪状覆盖物。

其他常见的感染有非链球菌性咽炎，急性和慢性鼻窦炎和肠道寄生虫感染。许多病人排便次数增多，变稀、带有黏液。可能与直肠炎及多种病原微生物对肠道的侵袭有关。此外，口腔可出现毛状白斑，毛状白斑的存在是早期诊断艾滋病的重要线索。

4. 典型的艾滋病期

有的学者称其为致死性艾滋病，是艾滋病病毒感染的最终阶段。此期具有三个基本特点：

（1）严重的细胞免疫缺陷。

（2）发生各种致命性机会性感染。

（3）发生各种恶性肿瘤。

艾滋病的终期，免疫功能全面崩溃，病人出现各种严重的综合病症，直至死亡。

确诊艾滋病不能光靠临床表现，最重要的根据是检查者的血液检测是否为阳性结果，所以怀疑自身感染 HIV 后应当及时到当地的卫生检疫部门做检查，千万不要自己乱下诊断。

八、艾滋病的临床表现

艾滋病的临床症状多种多样，一般初期的开始症状象伤风、流感、全身疲劳无力、食欲减退、发热、体重减轻、随着病情的加重，症状日见增多，如皮肤、粘肤出现白色念球菌感染，单纯疱疹、带状疱疹、紫斑、血肿、血疱、滞血斑、皮肤容易损伤，伤后出血不止等；以后渐渐侵犯内脏器官，不断出现原因不明的持续性发热，可长达 3～4 个月；还可出现咳嗽、气短、持续性腹

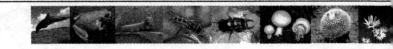

泻便血、肝脾肿大、并发恶性肿瘤、呼吸困难等。由于症状复杂多变，每个患者并非上述所有症状全都出现。一般常见一、二种以上的症状。按受损器官来说，侵犯肺部时常出现呼吸困难、胸痛、咳嗽等；如侵犯胃肠可引起持续性腹泻、腹痛、消瘦无力等；如侵犯血管而引起血管性血栓性心内膜炎，血小板减少性脑出血等。

1. 一般性症状

持续发烧、虚弱、盗汗、全身浅表淋巴结肿大，体重下降在三个月之内可达 10% 以上，最多可降低 40%，病人消瘦特别明显。

2. 呼吸道症状

长期咳嗽、胸痛、呼吸困难、严重时痰中带血。

3. 消化道症状

食欲下降、厌食、恶心、呕吐、腹泻、严重时可便血。通常用于治疗消化道感染的药物对这种腹泻无效。

4. 神经系统症状

头晕、头痛、反应迟钝、智力减退、精神异常、抽风、偏瘫、痴呆等。

5. 皮肤和粘膜损害

弥漫性丘疹、带状疱疹、口腔和咽部粘膜炎症及溃烂。

6. 肿瘤

可出现多种恶性肿瘤，位于体表的卡波希氏肉瘤可见红色或紫红色的斑疹、丘疹和浸润性肿块。

艾滋病临床症状表现的五个特点

（1）发病以青壮年较多，发病年龄 80% 在 18～45 岁，即性生活较活跃的年龄段。

（2）在感染艾滋病后往往患有一些罕见的疾病如肺孢子虫肺

炎、弓形体病、非典型性分枝杆菌与真菌感染等。

（3）持续广泛性全身淋巴结肿大。特别是颈部、腋窝和腹股沟淋巴结肿大更明显。淋巴结直径在 1 厘米以上，质地坚实，可活动，无疼痛。

（4）并发恶性肿瘤。卡波西氏肉瘤、淋巴瘤等恶性肿瘤等。

（5）枢神经系统症状。约 30%艾滋病例出现此症状，出现头痛、意识障碍、痴呆、抽搐等，常导致严重后果。

九、艾滋病治疗及预防

1. 抗 HIV 病毒药物

叠氮胸苷，双脱氧胞苷，双脱氧肌苷，双脱氧胸苷，苏拉明，三氮唑核苷，磷甲酸盐

2. 免疫调节药物

a—干扰素，白细胞介素—2，粒细胞巨噬细胞集落刺激因子（GM－CSF）和粒细胞集落刺激因子（G－CSF），自体和异体的骨髓移植、胸腺移植、输注淋巴细胞、胸腺素、转移因子、丙种球蛋白等，借用替代疗法改善机体的免疫功能，但往往由于排斥反应、过敏反应导致其效果短暂或难以肯定。

3. 机会性感染疾病的治疗

（1）抗原虫感染的治疗：卡氏肺囊虫肺炎，复方新诺明，戊烷脒，弓形体病，乙胺嘧啶，磺胺嘧啶，乙胺嘧啶加复方新诺明或加氯林可霉素。

（2）抗病毒感染的治疗：无环鸟苷，丙氧鸟苷，磷甲酸盐，干扰素。

（3）抗真菌感染的治疗：二性霉素 B，5—氟胞嘧啶，脒康唑，氟康唑。

（4）抗细菌感染的治疗：氧哌嗪青霉素，头孢唑啉，头孢氨

噻污；绿脓杆菌感染，复达酸，环丙氟哌酸，头孢第二代，先锋美他醇，万古霉素，环丙氟哌酸，利福平，乙胺丁醇，异烟肼，吡嗪酰胺，多粘菌素 B，庆大霉素。

4. 抗肿瘤治疗

鬼臼毒素，长春花碱，长春新碱，博莱霉素，a—干扰素，环磷酰胺。

5. 中医药治疗

6. 手术治疗

7. 对症治疗

进食困难者可用鼻胃管或静脉注入高营养，贫血或白细胞、血小板减少者可输血，血浆蛋白较低者可输入白蛋白或血浆。还应注意给氧、补液和纠正电解质平衡。有绝望情绪和精神症状者，应进行心理和精神方面的安抚治疗。有口腔溃疡或皮肤损害者需加强洗洁等护理工作。

8. 疫苗疗法

9. 艾滋病病毒感染

艾滋病病毒感染致免疫系统异常可被有针对性的营养干预逆转，没有接受抗逆转录酶病毒药物治疗的患者可进行营养干预以延缓艾滋病的发病

10. 艾滋病预防

最新市场上有芳心康乐宝杀菌膏的微生物杀灭剂。含有辛苯聚醇（O-9）、苯扎氯铵（BZK）、芦荟胶等成分，多次经国家人口计生委科研所、中国疾病预防控制中心性病控制中心检验、中国预防医学科学院病毒学研究所实验：在1∶2稀释度下作用十分钟均能达到100%灭活艾滋病病毒（HIV-1）。

青少年应该知道的生物知识

第二节 甲型 H1N1 流感病毒

一、甲型 H1N1 流感病毒概述

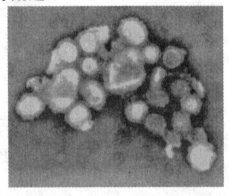

甲型 H1N1 病毒属于正粘病毒科（Orthomyxoviridae），甲型流感病毒属（Influenza virus A），其遗传物质为 RNA。典型病毒颗粒呈球状，直径为 80nm～120nm，有囊膜。囊膜上有许多放射状排列的突起糖蛋白，分别是血凝素 HA、神经氨酸酶 NA 和 M2 蛋白。病毒颗粒内为核衣壳，呈螺旋状对称，直径为 10nm。猪流感病毒为单股负链 RNA 病毒，基因组约为 13.6kb，由大小不等的 8 个独立片段组成。尽管不同亚型之间可以组成很多种流感病毒血清型，但是可造成人感染猪流感病毒的血清型主要有 H1N1、H1N2 和 H3N2。

甲型 H1N1 病毒为有囊膜病毒，故对乙醚、氯仿、丙酮等有机溶剂均敏感，200mL/L 乙醚 4℃ 过夜，病毒感染力被破坏；对氧化剂、卤素化合物、重金属、乙醇和甲醛也均敏感，10g/L 高锰酸钾、1mL/L 汞处理 3min，750mL/L 乙醇 5min，1mL/L 碘酊 5min，1mL/L 盐酸 3min 和 1mL/L 甲醛 30min，均可灭活猪流感病毒。猪流感病毒对热敏感，56℃ 条件下，30min 可灭活；对紫外线敏感，但用紫外线灭活猪流感病毒能引起病毒的多重复活。

甲型 H1N1 流感病毒是 A 型流感病毒，携带有 H1N1 亚型猪流感病毒毒株，包含有禽流感、猪流感和人流感三种流感病毒的核糖核酸基因片断，同时拥有亚洲猪流感和非洲猪流感病毒特征。医学测试显示，目前主流抗病毒药物对这种毒株有效。美国疾控机构的照片显示甲型 H1N1 流感病毒呈阴性反应。

发现地 2009 年 3 月 18 日开始，墨西哥陆续发现感染、死亡病例。

二、病理症状

甲型 H1N1 流感症状与感冒类似，患者会出现发烧、咳嗽、疲劳、食欲不振等。有报道说，美国 2009 年疫情中发现病例的主要表现为突然发热、咳嗽、肌肉痛和疲倦，其中一些患者还出现腹泻和呕吐症状；墨西哥发现病例还出现眼睛发红、头痛和流涕等症状。

三、传染源

主要为携带病毒的人或动物，如感染病毒的人和感染病毒的动物。

四、传播途径

主要为呼吸道传播，也可通过接触感染的猪或其粪便、周围污染的环境等途径传播。

甲型 H1N1 流感病毒可透过气溶胶、空气飞沫传染、接触传染等。

五、易感人群

普遍易感，多数年龄在 25 岁至 45 岁间，以青壮年为主，应

青少年应该知道的生物知识

注意老年人和儿童。

六、高危人群

接触甲型 H1N1 流感病毒感染材料的实验室工作人员为高危人群。

七、预防措施

（1）尽量少到公共人群密集的场所；

（2）保证饮食以及充足睡眠、勤于锻炼、勤洗手、室内保持通风等，养成良好的个人卫生习惯。

（3）在烹饪特别是洗涤生猪肉、家禽（特别是水禽时）应特别注意。特别是有皮肤破损的情况。建议尽量减少接触机会，猪肉要用71度高温消毒后再使用；

（4）可以考虑戴口罩，降低风媒传播的可能性；

（5）做饭时可自己调配点小药膳，饮用提高免疫力的茶饮或汤剂。如：儿童需清滞养元，泡点藿香、苏叶、银花、生山楂等；成人需和中，泡点桑叶、菊花、芦根等

八、注意事项

1. 如何保护自己远离甲型 H1N1 流感

面对甲型 H1N1 流感如何保护自己和他人

（1）对于那些表现出身体不适、出现发烧和咳嗽症状的人，要避免与其密切接触；

（2）勤洗手，要使用香皂彻底洗净双手；

（3）保持良好的健康习惯，包括睡眠充足、吃有营养的食物、多锻炼身体。

2. 家中有人出现流感症状，应如何照料

（1）将病人与家中其他人隔离开来，至少保持 1 米距离；

（2）照料病人时应用口罩等遮盖物遮掩住嘴和鼻子；

（3）不管是从商店购买还是家中自制的遮盖物，都应在每次使用后丢弃或用适当方法彻底清洁；

（4）每次与病人接触后，都应该用肥皂彻底洗净双手；病人所居住的空间应保持空气流通，经常打开门窗保持通风；

（5）如果你所在的国家已经出现甲型 H1N1 流感病例，应按照国家或地方卫生部门的要求处理表现出流感症状的家人。

3. 如果感觉自己感染了流感，应该怎么办

（1）如果感觉不适，出现高烧、咳嗽或喉咙痛，应该待在家中，不要去上班、上学或者去其他人员密集的地方；

（2）多休息，喝大量的水；

（3）咳嗽或打喷嚏时，用一次性纸巾遮掩住嘴和鼻子，用完后的纸巾应处理妥当；

（4）勤洗手，每次洗手都应用肥皂彻底清洗，尤其咳嗽或打喷嚏后更应如此；

（5）将自己的症状告诉家人和朋友，并尽量避免与他人接触。

4. 如果自己认为需要医学治疗，应该怎么办

（1）去医疗机构之前，应该首先与医护人员进行联系，报告自己的症状，解释为何会认为自己感染了甲型 H1N1 流感，例如自己最近去过暴发这种流感的某个国家，然后听从医护人员的建议；

（2）如果没法提前与医护人员联系，那么当抵达医院寻求诊断时，一定尽快把怀疑自己感染甲型 H1N1 流感的想法告知医生；

（3）去医院途中，用口罩或其他东西遮盖住嘴和鼻子。

青少年应该知道的生物知识

第三节 狂犬病

一、狂犬病毒概述

狂犬病毒（Rabies virus，RV）属于弹状病毒科弹状病毒属，是引起狂犬病的病原体。外形呈弹状，核衣壳呈螺旋对称，表面具有包膜，内含有单链 RNA。病毒颗粒外有囊膜，内有核蛋白壳。囊膜的最外层有由糖蛋白构成的许多纤突，排列比较整齐，此突起具有抗原性，能刺激机体产生中和抗体。病毒含有 5 种主要蛋白（L、N、G、M1 和 M2）和 2 种微小蛋白（P40 和 P43）。L 蛋白呈现转录作用；N 蛋白是组成病毒粒子的主要核蛋白，是诱导狂犬病细胞免疫的主要成分，常用于狂犬病病毒的诊断、分类和流行病学研究；G 蛋白是构成病毒表面纤突的糖蛋白，具有凝集红细胞的特性，是狂犬病病毒与细胞受体结合的结构，在狂犬病病毒致病与免疫中起着关键作用；M1 蛋白为特异性抗原，并与 M2 构成细胞表面抗原。

狂犬病毒具有两种主要抗原：一种是病毒外膜上的糖蛋白抗原，能与乙酰胆碱受体结合使病毒具有神经毒性，并使体内产生中和抗体及血凝抑制抗体，中和抗体具有保护作用；另一种为内层的核蛋白抗原，可使体内产生补体结合抗体和沉淀素，无保护作用。

患者和患病动物体内所分离到的病毒，称为自然病毒或街毒（stree virus），其特点是毒力强，但经多次通过兔脑后成为固定毒（fixed virus），毒力降低，可以制做疫苗。

狂犬病毒不耐热，在50℃时1小时，100℃时2分钟即可灭活；对酸、碱、新洁尔灭、福尔马林等消毒药物敏感；70%酒精、0.01%碘液和1%～2%的肥皂水亦能使病毒灭活。

狂犬病毒进入人体，沿周围传入神经而到达中枢神经系统，因此头、颈部、上肢等处咬伤和创口面积大而深者发病机会多。狂犬病毒主要存在于患病动物的延脑、大脑皮层、小脑和脊髓中。唾液腺和唾液中也常含有大量病毒，人被患狂犬病的动物咬伤、抓伤或经粘膜感染均可引起狂犬病，在特定条件下也可以通过呼吸道气溶胶传染。

二、狂犬病临床分期和表现

1. 人症状

狂犬病的临床表现可分为四期。

（1）潜伏期：（平均约4～6周，最短和最长的范围可达10天～8个月），根据个人体质不同潜伏期的时间从几天到数年不等，在潜伏期中感染者没有任何症状。

（2）前驱期：感染者开始出现全身不适、发烧、疲倦、不安、被咬部位疼痛、感觉异常等症状。

（3）兴奋期：人类：患者各种症状达到顶峰，出现精神紧张、全身痉挛、幻觉、谵妄、怕光怕声怕水怕风等症状因此狂犬病又被称为恐水症，患者常常因为咽喉部的痉挛而窒息身亡。

（4）昏迷期：如果患者能够渡过兴奋期而侥幸活下来，就会进入昏迷期，本期患者深度昏迷，但狂犬病的各种症状均不再明显，大多数进入此期的患者最终衰竭而死。

另外一种是麻痹型狂犬病，参见本词条末"麻痹型狂犬病"

2. 犬症状

狂暴型：分三期，前驱期、兴奋期和麻痹期。

前驱期表现精神沉郁、怕光喜暗，反应迟钝，不听主人呼唤，不愿接触人，食欲反常，喜咬吃异物，吞咽伸颈困难，唾液增多，后驱无力，瞳孔散大。此期时间一般1～2天。前驱期后即进入兴奋期，表现为狂暴不安，主动攻击人和其它动物，意识紊乱，喉肌麻痹。狂暴之后出现沉郁，表现疲劳不爱动，体力稍有恢复后，稍有外界刺激又可起立疯狂，眼睛斜视，自咬四肢及后驱。该犬一旦走出家门，不认家，四处游荡，叫声嘶哑，下颌麻痹，流涎。此种病犬对人及其它牲畜危害很大。一旦发现应立即通知有关部门处死。

麻痹期：以麻痹症状为主，出现全身肌肉麻痹，起立困难，卧地不起、抽搐，舌脱出，流涎，最后呼吸中枢麻痹或衰竭死亡。

三、急救措施

（1）被流浪动物或者是不能辨明其健康与否的动物咬伤后，应立即冲洗伤口。关键是洗的方法。因为伤口像瓣膜一样多半是闭合着，所以必须掰开伤口进行冲洗。用自来水对着伤口冲洗虽然有点痛，但也要忍痛仔细地冲洗干净，这样才能尽量防止感染。冲洗之后要用干净的纱布把伤口盖上，速去医院诊治。

（2）被流浪动物或者是不能辨明其健康与否德动物咬伤后，即使是再小的伤口，也有感染狂犬病的可能，同时可感染破伤风，伤口易化脓。患者应向医生要求注射狂犬病疫苗和破伤风抗毒素预防针。

（3）狗咬伤分普通狗咬伤和疯狗咬伤（后者又称狂犬病或恐水病），前者多无生命危险，后者常存于疯狗唾液中的狂犬病毒，沿咬伤、舔伤或抓伤的创口侵入神经系统到大脑内繁殖，引起严重的症状。除狗之外，带毒的猫、狼咬伤后，也会发生本病，被感染的动物咬伤未做防注射者的发病率达10%～70%以上。

四、诊断中需与其他疾病区别

1. 狂犬恐怖症

这些病人常是有狂犬病知识或是看见过狂犬病病人发作的人。这种人对狂犬病十分恐怖，有咬伤部位的疼痛感面产生精神恐怖症状。但这种病人无有低烧，也没有遇水咽喉肌肉真正的痉挛，没有恐水现象。

2. 破伤风

两者的症状有相似处，但破伤风潜伏期短，为 6～14 天，有外伤史。出现牙关紧闭，角弓反张及长时间的强直性全身痉挛等典型症状，而狂犬病以局部痉挛为主，持续时间也短。

3. 脑膜炎、脑炎

常易与狂犬病前驱的症状相混淆。但无有咬伤史，精神状态出现迟钝、嗜睡，昏迷及惊厥等，与狂犬病的神志清楚、恐慌不安等症状不同。此外，狂犬病还应与脊髓灰质炎、中枢神经药物中毒、尿毒症等相区别。

五、传染源

狗、猫、老鼠等。

六、有关狂犬病的一些常见问题

（1）问：我被看起来很健康的狗（猫）咬了是不是不需要担心什么？

答：需要担心的有很多，首先即使是健康的狗（猫）的唾液里依然含有一些会引起疾病的细菌和病毒，所以被咬之后消毒是必须进行的，如果伤口较严重的话还要到医院做外伤处理。

（2）问：被猫挠会不会得狂犬病？

答：得狂犬病的可能性是有的，野猫有接触到疯狗唾液的可能，如果这时候它用爪子挠了人，就有得狂犬病的可能，同时因其捕食老鼠，所以野猫最好是不要招惹的好。一般的家猫如果不放到屋外，且不让其接触老鼠，基本可以排除得狂犬病的可能。

（3）问：吃狗肉或猫肉等会不会得狂犬病？

答：会，视食用的动物是否感染病毒及烹饪温度而定，吃掉未发作的病毒携带者也会感染狂犬病，所以野生动物和猫肉狗肉最好不要吃。

（4）问：我被狗（猫）咬伤的地方变的与周围不同，而且我头疼，发热，我是不是得狂犬病了。

答：建议先去皮肤科看看，然后再找个心理医生问问他什么是狂犬病恐惧症。

（5）问：我打算养狗（猫）有必要给它们打疫苗吗？

答：要看饲养方式，如果是那种让宠物足不出户的养法的话没有打疫苗的必要，如果要和其他动物接触，最好是打疫苗。

（6）被狂犬咬伤，就肯定要得狂犬病吗？

答：不一定，有学者统计发现就是被真正的狂犬或其它疯动物咬伤，且没有采取任何预防措施，结果也只有30%～70%的人发病。

（7）被狂犬咬伤后是否发病有很多影响因素？

答：①要看进入人体的狂犬病毒的数量多少，如果疯狗咬人时处于发病的早期阶段，它的唾液中所带的狂犬病毒就比处于发病后期时少；②咬伤是否严重也影响被咬的人是否发病。大面积深度咬伤就比伤口很小的浅表伤容易发病；③多部位咬伤也比单一部分咬伤容易发病，且潜伏期较短。④被咬伤后正确及时的处理伤口，是防治狂犬病的第一道防线，如果及时对伤口进行了正确处理，和抗狂犬病暴露后治疗，则可大大减少发病的危险。⑤

通过粘膜感染发病较咬伤皮肤感染发病难，而且病例较多呈抑郁型狂犬病。⑥疯动物咬伤头、面和颈部等那些靠近中枢神经系统的部位或周围神经丰富的部位，比咬伤四肢者的发病率和病死率要高。⑦抵抗力低下的人较抵抗力强的人更易发病。

（8）被犬咬伤后，伤口如何处理？

答：①被咬后立即挤压伤口排去带毒液的污血或用火罐拨毒，但绝不能用嘴去吸伤口处的污血。②用20%的肥皂水或1%的新洁尔灭彻底清洗，继用2%～3%碘酒或75%酒精局部消毒。③局部伤口原则上不缝合、不包扎、不涂软膏、不用粉剂以利伤口排毒，如伤及头面部，或伤口大且深，伤及大血管需要缝合包扎时，应以不妨碍引流，保证充分冲洗和消毒为前提，做抗血清处理后即可缝合。④可同时使用破伤风抗毒素和其他抗感染处理以控制狂犬病以外的其他感染，但注射部位应与抗狂犬病毒血清和狂犬疫苗的注射部位错开。

第四节　手足口病

一、手足口病概述

英文名为：Hand-foot-and-mouth disease，手足口病是由肠道病毒引起的传染病，多发生于5岁以下儿童，可引起手、足、口腔等部位的疱疹，少数患儿可引起心肌炎、肺水肿、无菌性脑膜脑炎等并发症。个别重症患儿如果病情发展快，导致死亡。引发手足口病的肠道病毒有20多种（型），柯萨奇病毒A组的16、4、5、9、10型；B组的2、5型，以及肠道病毒71型均为手足口病较常见的病原体，其中以柯萨奇病毒 A16 型（Cox A16）和肠道病毒 71 型（EV 71）最为常见。

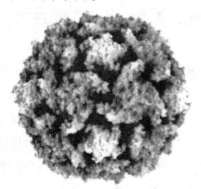

二、传播途径

（1）人群密切接触传播。通过被病毒污染的手巾、毛巾、手绢等物品。患病者接触过的公共健身器械等。（体表传播）

（2）患者喉咙分泌物（飞沫）传播。（呼吸道传播）

（3）饮用或食用被患病者污染过的水和食物。（饮食传播）

（4）带有病毒之苍蝇叮爬过的食物。

（5）直接接触患者。

三、易感人群

幼儿多发，小于三岁的年龄组发病率最高。

四、临床表现

以发热、口腔溃疡和疱疹为特征。初始症状为低热、食欲减退，常拌咽痛。发热一至二天后，出现口腔溃疡，开始为红色小疱疹，然后变为溃疡。口腔疱疹常见于舌、牙龈和口腔颊黏膜。一至二天后可见皮肤斑丘疹，常见于手掌、足底，也可见与臀部。

五、预防

手足口病对婴幼儿普遍易感。大多数病例症状轻微，主要表现为发热和手、足、口腔等部位的皮疹或疱疹等特征，多数患者可以自愈。疾控专家建议大家，养成良好卫生习惯，做到饭前便后洗手、不喝生水、不吃生冷食物，勤晒衣被，多通风。托幼机构和家长发现可疑患儿，要及时到医疗机构就诊，并及时向卫生和教育部门报告，及时采取控制措施。轻症患儿不必住院，可在家中治疗、休息，避免交叉感染。主要做好这些方面的控制。

手足口病传播途径多，婴幼儿和儿童普遍易感。做好儿童个人、家庭和托幼机构的卫生是预防本病染的关键。

1. 个人预防措施

（1）饭前便后、外出后要用肥皂或洗手液等给儿童洗手，不要让儿童喝生水、吃生冷食物，避免接触患病儿童；

（2）看护人接触儿童前、替幼童更换尿布、处理粪便后均要洗手，并妥善处理污物；

（3）婴幼儿使用的奶瓶、奶嘴使用前后应充分清洗；

（4）本病流行期间不宜带儿童到人群聚集、空气流通差的公共场所，注意保持家庭环境卫生，居室要经常通风，勤晒衣被；

（5）儿童出现相关症状要及时到医疗机构就诊。居家治疗的儿童，不要接触其他儿童，父母要及时对患儿的衣物进行晾晒或消毒，对患儿粪便及时进行消毒处理；轻症患儿不必住院，宜居家治疗、休息，以减少交叉感染。

（6）家长尽量少带孩子到拥挤的公共场所，减少被感染的机会，还要注意幼儿的营养、休息，避免日光暴晒，防止过度疲劳，降低机体抵抗力。

（7）中药具有清凉解毒作用，如：板兰根、大青叶、金银花、贯众等具有一定效果，可用水煎服。

第五节　流行性乙型脑炎

一、流行性乙型脑炎概述

流行性乙型脑炎（epidemic encephalitis B，以下简称乙脑）的病原体1934年在日本发现，故名日本乙型脑炎，1939年我国也分离到乙脑病毒，解放后进行了大量调查研究工作，改名为流行性乙型脑炎。本病病原体属披膜病毒科黄病毒属第1亚群，呈球形，直径20～40nm，为单股RNA病毒，外有类脂囊膜，表面有血凝素，能凝集鸡红细胞，病毒在胞浆内增殖，对温度、乙醚、酸等都很敏感，能在乳鼠脑组织内传代，亦能在鸡胚、猴肾细胞、鸡胚细胞和Hela等细胞内生长。其抗原性较稳定。

本病主要分布在亚洲远东和东南亚地区，经蚊传播，多见于夏秋季，临床上急起发病，有高热、意识障碍、惊厥、强直性痉挛和脑膜刺激征等，重型患者病后往往留有后遗症。

二、流行性乙型脑炎主要症状和体征

起病急、有高热、头痛、呕吐、嗜睡等表现。重症患者有昏迷、抽搐、吞咽困难、呛咳和呼吸衰竭等症状。体征有脑膜刺激征、浅反射消失、深反射亢进、强直性瘫痪和阳性病反射等。

三、流行性乙型脑炎发病机理

感染乙脑病毒的蚊虫叮咬人体后，病毒先在局部组织细胞和淋巴结、以及血管内皮细胞内增殖，不断侵入血流，形成病毒血症。发病与否，取决于病毒的数量，毒传播乙脑的蚊虫力和机体的免疫功能，绝大多数感染者不发病，呈隐性感染。当侵入病毒量多、毒力强、机体免疫功能又不足，则病毒继续繁殖，经血行散布全身。由于病毒有嗜神经性故能突破血脑屏障侵入中枢神经系统，尤在血脑屏障低下时或脑实质已有病毒者易诱发本病。

四、流行性乙型脑炎流行病学

1. 传染源

为家畜家禽，主要是猪（仔猪经过一个流行季节几乎100%的受到感染），其次为马、牛、羊、狗、鸡、鸭等。其中以未过夏天的幼猪最为重要。动物受染后可有3~5天的病毒血症，致使蚊虫受染传播。一般在人类乙脑流行前2~4周，先在家禽中流行，病人在潜伏期末及发病初有短暂的病毒血症，因病毒量少、持续时间短，故其流行病学意义不大。

2. 传播途径

蚊类是主要传播媒介，库蚊、伊蚊和按蚊的某些种类都能传播本病，其中以三带喙库蚊最重要。蚊体内病毒能经卵传代越冬，可成为病毒的长期储存宿主。

3. 易感人群

人类普遍易感，成人多数呈隐性感染，发病多见于10岁以下儿童，以2~6岁儿童发病率最高。近年来由于儿童和青少年广泛接种乙脑疫苗，故成人和老人发病相对增多，病死率也高。男性

青少年应该知道的生物知识

较女性多。约在病后一周可出现中和抗体，它有抗病能力，并可持续存在 4 年或更久，故二次发病者罕见。

4. 流行特征

本病流行有严格的季节性，80% ~ 90% 的病例集中在 7、8、9 三个月，但由于地理环境与气候不同，华南地区的流行高峰在 6 ~ 7 月，华北地区在 7 ~ 8 月，而东北地区则在 8 ~ 9 月，均与蚊虫密度曲线一致。4 ~ 5 年一个流行周期。

5. 易感动物

马 > 人 > 猪。马 3 岁以下，人 10 岁以内，猪 6 月龄以内。其他动物多为隐性感染，人和其他动物乙脑均由猪传播而来。

五、预防措施

乙脑的预防主要采取两个方面的措施，即灭蚊防蚊和预防接种。早期发现病人，及时隔离和治疗病人，但主要的传染源是家畜，尤其是未经过流行季节的幼猪，近年来应用疫苗免疫幼猪，以减少猪群的病毒血症，从而控制人群中乙脑流行。防蚊和灭蚊是控制本病流行的重要环节，特别是针对库蚊的措施。进行预防接种是保护易感人群的重要措施，目前我国使用的是地鼠肾组织培养制成的灭活疫苗，经流行季节试验，保护率可达 60% ~ 90%。一般接种 2 次，间隔 7 ~ 10 天；第二年加强注射一次。接种对象为 10 岁以下的儿童和从非流行区进入流行区的人员，但高危的成人也应考虑。接种时应注意：①不能与伤寒三联菌苗同时注射；②有中枢神经系统疾患和慢性酒精中毒者禁用。有人报导乙脑疫苗注射后（约 2 周后）出现急性播散性脑脊髓炎，经口服强的松龙（2mg/kg·天）迅速恢复。疫苗的免疫力一般在第二次注射后 2 ~ 3 周开始，维持 4 ~ 6 个月，因此，疫苗接种须在流行前一个月完成。

六、临床表现

1. 潜伏期

10～15天大多数患者症状较轻或呈无症状的隐性感染，仅少数出现中枢神经系统症状，表现为高热、意识障碍、惊厥等。典型病例的病程可分4个阶段。

2. 初期

起病急，体温急剧上升至39℃～40℃，伴头痛、恶心和呕吐，部分病人有嗜睡或精神倦怠，并有颈项轻度强直，病程1～3天。

3. 急期

体温持续上升，可达40℃以上。初期症状逐渐加重，意识明显障碍，由嗜睡、昏睡乃至昏迷，昏迷越深，持续时间越长，病情越严重。神志不清最早可发生在病程第1～2日，但多见于3～8日。重症患者可出现全身抽搐、强直性痉挛或强直性瘫痪，少数也可软瘫。严重患者可因脑实质类（尤其是脑干病变）、缺氧、脑水肿、脑疝、颅内高压、低血钠性脑病等病变而出现中枢性呼吸衰竭，表现为呼吸节律不规则、双吸气、叹息样呼吸、呼吸暂停、潮式呼吸和下颌呼吸等，最后呼吸停止。体检可发现脑膜刺激征，瞳孔对光反应迟钝、消失或瞳孔散大，腹壁及提睾反射消失，深反向亢进，病理性锥体束征如巴氏征等可呈阳性。

4. 恢复期

极期过后体温逐渐下降，精神、神经系统症状逐日好转。重症病人仍可留在神志迟钝、痴呆、失语、吞咽困难、颜面瘫痪、四肢强直性痉挛或扭转痉挛等，少数病人也可有软瘫。经过积极治疗大多数症状可在半年内恢复。

124

青少年应该知道的生物知识

5. 后遗症

虽经积极治疗，但发病半年后仍留有精神、神经系统症状者，称为后遗症。约5%～20%患者留有后遗症，均见于高热、昏迷、抽搐等重症患者。后遗症以失语、瘫痪和精神失常为最常见。失语大多可以恢复，肢体瘫痪也能恢复，但可因并发肺炎或褥疮感染而死亡。精神失常多见于成人患者，也可逐渐恢复。

七、与其它疾病区别诊断

1. 中毒性菌痢

与乙脑流行季节相同，多见于夏秋季，但起病比乙脑更急，多在发病一天内出现高热、抽搐、休克或昏迷等。乙脑除暴发型外，很少出现休克，可用1%～2%盐水灌肠，如有脓性或脓血便，即可确诊。

2. 化脓性脑膜炎

病情发展迅速，重症患者在发病1～2天内即进入昏迷，脑膜刺激征显著，皮肤常有瘀点。脑脊液混浊，中性粒细胞占90%以上，涂片和培养可发现致病菌。周围血象白细胞计数明显增高，可达2万～3万/mm3，中性粒细胞多在90%以上。如为流脑则有季节性特点。早期不典型病例，不易与乙脑鉴别，需密切观察病情和复查脑脊液。

3. 结核性脑膜炎

无季节性，起病缓慢，病程长，有结核病史。脑脊液中糖与氯化物均降低，薄膜涂片或培养可找到结核杆菌。X光胸部摄片、眼底检查和结核菌素试验有助于诊断。

4. 其他

如脊髓灰质炎、腮腺炎脑炎和其他病毒性脑炎，中暑和恶性

疟疾等，亦应与乙脑鉴别。

第六节　乙型病毒性肝炎

一、乙型病毒性肝炎概述

乙型病毒性肝炎是由乙型肝炎病毒（HBV）引起的一种世界性疾病。发展中国家发病率高，据统计，全世界无症状乙肝病毒携带者（HBsAg携带者）超过2.8亿，我国约占1.3亿。多数无症状，其中1/3出现肝损害的临床表现。目前我国有乙肝患者3000万。乙肝的特点为起病较缓，以亚临床型及慢性型较常见。无黄疸型HBsAg持续阳性者易慢性化。本病主要通过血液、母婴和性接触进行传播。乙肝疫苗的应用是预防和控制乙型肝炎的根本措施。

二、病理改变

乙肝脏病变最明显，弥散于整个肝脏。基本病变为肝细胞变性、坏死、炎性细胞侵润，肝细胞再生，纤维组织增生。

1. 急性肝炎

（1）肝细胞有弥漫性变性，细胞肿胀成球形（气球样变），肝细胞嗜酸性变和嗜酸性小体；

（2）肝细胞点状或灶状坏死；

（3）肝细胞再生和汇管区轻度炎性细胞浸润。

黄疸型与无黄疸型肝脏病变只是程度的不同，前者可出现肝内淤胆现象。

青少年应该知道的生物知识

2. 慢性肝炎

（1）慢性迁延性肝炎与急性肝炎相同，程度较轻，小叶界板完整。

（2）慢性活动性肝炎较急性肝炎重，常有碎屑坏死，界板被破坏，或有桥样坏死。严重者肝小叶被破坏，肝细胞呈不规则结节状增生，肝小叶及汇管区有胶原及纤维组织增生。

3. 重型肝炎

（1）急性重型肝炎可分两型：坏死型与水肿型两种

（2）亚急性重型肝炎

（3）慢性重型肝炎

三、临床表现

HBV 感染的特点为临床表现多样化，潜伏期较长（约 45～160 日，平均 60～90 日）。

1. 急性乙型肝炎

（1）黄疸型 临床可分为黄疸前期、黄疸期与恢复期，整个病程 2～4 个月。多数在黄疸前期具有胃肠道症状，如厌油、食欲减退、恶心、呕吐、腹胀、乏力等，部分患者有低热或伴血清病样症状，如关节痛、荨麻疹、血管神经性水肿、皮疹等，较甲型肝炎常见。其病程进展和转归与甲型肝炎相似，但少数患者迁延不愈转为慢性肝炎。

（2）无黄疸型 临床症状轻或无症状，大多数在查体或检查其他病时发现，有单项 ALT 升高，易转为慢性。

2. 淤胆型

与甲型肝炎相同。表现为较长期的肝内梗阻性黄疸，而胃肠道症状较轻，肝脏肿大、肝内梗阻性黄疸的检查结果，持续数月。

3. 慢性乙型肝炎

（1）慢性迁延性肝炎（慢迁肝）临床症状轻，无黄疸或轻度黄疸、肝脏轻度肿大，脾脏一般触不到。肝功能损害轻，多项式表现为单项 ALT 波动、麝浊及血浆蛋白无明显异常，一般无肝外表现。

（2）慢性活动性肝炎（慢活肝）临床症状较重、持续或反复出现，体征明显，如肝病面容、蜘蛛痣、肝掌，可有不同程度的黄疸。肝脏肿大、质地中等硬，多数脾肿大。肝功能损害显著，ALT 持续或反复升高，麝浊明显异常，血浆球蛋白升高，A/G 比例降低或倒置。部分患者有肝外表现，如关节炎、肾炎、干燥综合征及结节性动脉炎等。自身抗体检测如抗核抗体、抗平滑肌抗体及抗线粒体抗体可阳性。也可见到无黄疸者及非典型者，虽然病史较短，症状轻，但具有慢性肝病体征及肝功能损害；或似慢性迁延性肝炎，但经肝组织病理检查证实为慢性活动性肝炎。

四、与其它疾病鉴别诊断

1. 药物性肝炎

特点为：①既往有用药史，已知有多种药物可引起不同程度肝损害，如异烟肼、利福平可致与病毒性肝炎相似的临床表现；长期服用双醋酚丁、甲基多巴等可致慢活肝；氯丙嗪、甲基睾丸素、砷、锑剂、酮康唑等可致淤胆型肝炎；②临床症状轻，单项 ALT 升高，嗜酸性粒细胞增高；③停药后症状逐渐好 ALT 恢复正常。

2. 胆石症

既往有胆绞痛史，高热寒战、右上腹痛、莫非征（Murphy征）阳性，白细胞增高，中性粒细胞增高。

青少年应该知道的生物知识

3. 原发性胆法性肝硬化

特点为①中年女性多见；②黄疸持续显著，皮肤瘙痒，常有黄色瘤，肝脾肿大明显，ALP 显著升高，大多数抗线粒体抗体阳性；③肝功能损害较轻；④乙肝标志物阴性。

4. 肝豆状核变性

常有家族史，多表现有肢体粗大震颤，肌张力增高，眼角膜边缘有棕绿色色素环（K-F环），血铜和血浆铜蓝蛋白降低，尿铜增高，而慢活肝血铜和铜蓝蛋白明显升高。

5. 妊娠期急性脂肪肝

多发生于妊娠后期。临床特点有：①发病初期有急性剧烈上腹痛，淀粉酶增高，似急性胰腺炎；②虽有黄疸很重，血清直接胆红素增高，但尿胆红素常阴性。国内报告此种现象也可见于急性重型肝炎，供参考；③常于肝功能衰竭出现前即有严重出血及肾功能损害，ALT 升高，但麝浊常正常；④B 型超声检查为脂肪肝波形，以助早期诊断，确诊靠病理检查。病理特点为肝小叶至中带细胞增大，胞浆中充满脂肪空泡，无大块肝细胞坏死。

6. 肝外梗阻性黄疸

如胰腺癌、总胆管癌、慢性胰腺炎等需鉴别。

五、治疗措施

应根据临床类型、病原学的不同型别采取不同的治疗措施。总的原则是：以适当休息、合理营养为主，选择性使用药物为辅。应忌酒、防止过劳及避免应用损肝药物。用药要掌握宜简不宜繁。

1. 急性肝炎的治疗

早期严格卧床休息最为重要，症状明显好转可逐渐增加活动量，以不感到疲劳为原则，治疗至症状消失，隔离期满，肝功能正常可出院。经 1~3 个月休息，逐步恢复工作。

饮食以合乎患者口味，易消化的清淡食物为宜。应含多种维生素，有足够的热量及适量的蛋白质，脂肪不宜限制过严。如进食少或有呕吐者，应用10%葡萄糖液1000ml～1500ml加入维生素C3g、肝太乐400mg、普通胰岛素8～16U，静脉滴注，每日1次。也可加入能量合剂及10%氯化钾。热重者可用菌陈胃苓汤加减；湿热并重者用菌陈蒿汤和胃苓合方加减；肝气郁结者用逍遥散；脾虚湿困者用平胃散。有主张黄疸深者重用赤芍有效。一般急性肝炎可治愈。

2. 慢性肝炎的治疗

主要包括抗病毒复制、提高机体免疫功能、保护肝细胞、促进肝细胞再生以及中医药治疗、基础治疗及心理治疗等综合治疗。因病情易反复和HBV复制指标持续阳性，可按情况选用下列方法：

（1）抗病毒治疗对慢性HBV感染，病毒复制指标持续阳性者，抗病毒治疗是一项重要措施。目前抗病毒药物，效果都不十分满意。应用后可暂时抑制HBV复制，停药后这种抑制作用消失，使原被抑制的指标又回复到原水平。有些药物作用较慢，需较长时间才能看到效果。由于抗病毒药物的疗效有限，且仅当病毒复制活跃时才能显效，故近年治疗慢性乙型肝炎倾向于联合用药，以提高疗效。

（2）免疫调节药目的在于提高抗病毒免疫。

（3）保护肝细胞药物

3. 重型肝炎的治疗

六、预防

应采取以疫苗接种和切断传播途径为重点的综合性措施。关键性措施是用乙肝疫苗预防。我国已将乙肝疫苗接种纳入计划免

青少年应该知道的生物知识

疫。切断传播途径重点在于防止通过血液和体液传播。措施为：①注射器、针头、针灸针、采血针等应高压蒸气消毒或煮沸20min；②预防接种或注射药物要1人1针1筒，使用1次性注射器；③严格筛选和管理供血员，采用敏感的检测方法；④严格掌握输血和血制品。

七、乙型肝炎饮食保健与注意事项

1. 忌辛辣

辛辣食品易引起消化道生湿化热，湿热夹杂，肝胆气机失调，消化功能减弱。故应避免食用辛辣之品。

2. 忌吸烟

烟中含有多种有毒物质，能损害肝功能，抑制肝细胞再生和修复，因此肝病患者必须戒烟。

3. 忌饮酒

酒精的90%要在肝脏内代谢，酒精可以使肝细胞的正常酶系统受到干扰破坏，所以直接损害肝细胞，使肝细胞坏死。患有急性或慢性活动期肝炎的病人，即使少量饮酒，也会使病情反复或发生变化。

4. 忌食加工食品

少吃罐装或瓶装的饮料、食品。这是由于罐装、瓶装的饮料、食品中往往加入防腐剂，对肝脏或多或少都有毒性。

5. 忌滥用激素和抗生素

"是药三分毒"，任何药物对肝肾都有损害，肝病患者一定要在医生的正确指导下，合理用药。

6. 忌乱用补品

膳食平衡是保持身体健康的基本条件，如滋补不当，脏腑功能失调，打破平衡，会影响健康。

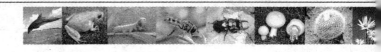

7. 忌过多食用蛋白饮食

对于病情严重的肝炎病人来说，由于胃黏膜水肿、小肠绒毛变粗变短、胆汁分泌失调等，使人消化吸收功能降低。如果吃太多蛋、甲鱼、瘦肉等高蛋白食物，会引起消化不良和腹胀等病症。

8. 忌高铜饮食

肝功能不全时不能很好地调节体内铜的平衡，而铜易于在肝脏内积聚。研究表明，肝病患者的肝脏内铜的储存量是正常人的5～10倍，患胆汁性肝硬化患者的肝脏内铜的含量要比正常人高60～80倍。医学专家指出，肝脏内存铜过多，可导致肝细胞坏死，同时，体内铜过多，可引起肾功能不全。故肝病病人应少吃海蜇、乌贼、虾、螺类等含铜多的食品。

9. 忌生活不规律

"三分治七分养"，因此充足的睡眠、合理营养、规律生活，每天坚持早操，劳逸结合很重要。

10. 忌情志不畅

肝病患者应忌恼怒、悲观、焦虑等，因为肝病患者久治不愈，常便人焦虑，胡思乱想，易发火而郁怒伤肝，肝气郁结不舒易成积癖。

11. 忌劳累

肝为人体重要代谢器官，肝炎病人功能异常，营养失调，故疲乏无力，需多休息，因此多休息是治疗关键。

12. 忌乱投医

不要轻信江湖游医，以免延误了正确的治疗，使病情加重甚至恶化。

日常饮食及生活中的注意事项宜

（1）酸　从中医的角度来看，酸性食物可引药入肝。中药中的五味子就属酸性，它可引药入肝，降低转氨酶。过去，还曾经流行过米醋治疗肝炎。另外，酸性食物还可增加食欲。

（2）甜 甜性食物可给肝炎患者补充一定的热量，易吸收，有利肝炎的恢复，在肝炎的急性期，食欲减低，进甜食是好的。

（3）苦 中医认为苦性食物属寒，可清热解毒，对肝胆湿热型肝病患者进食苦性食物是有益的，但啤酒例外。

第七节　过敏性鼻炎

一、过敏性鼻炎概述

过敏性鼻炎（allergic rhinitis）又称变应性鼻炎，是鼻腔粘膜的变应性疾病，并可引起多种并发症。另有一型由非特异性的刺激所诱发、无特异性变应原参加、不是免疫反应过程，但临床表现与上述两型变应性鼻炎相似，称血管运动性鼻炎或称神经反射性鼻炎，刺激可来自体外（物理、化学方面），或来自体内（内分泌、精神方面），故有人看作即是变应性鼻炎，但因在机体内不存在抗原抗体反应，所以脱敏疗法、激素或免疫疗法均无效。

二、病因病理

1. 遗传造成的过敏体质

并不是所有人都会患过敏性鼻炎，一般特定发生在具有过敏性体质的人身上。过敏性体质与基因有关，通常为遗传所致。过敏性鼻炎患者大多有过敏家族史，但近年由于工业化进程的加快，大气污染加剧，使有些原本非过敏性体质的人也演变成过敏性体质。

2. 接触过敏原

家中最主要的过敏原是尘螨、霉菌、宠物和昆虫等。在与人体密切接触的床上用品、内衣上，尘螨及其排泄物较多；室内霉菌易在潮湿、温暖、通气不良的环境中生长；多种昆虫，包括蟋蟀、苍蝇、飞蛾，特别是蟑螂的排泄物都是一定的过敏原。

户外过敏原在春、夏、秋、冬都可能存在。包括：香樟、核桃树、榛子树、杜松子树、杨树、桦树和橡树等。另外，近年来随着车辆的增加，柴油废气中的芳香烃颗粒还有家庭装修造成的甲醛等，它们虽然不是过敏原，却是季节性过敏性鼻炎发作的强刺激物。

3. 患有哮喘病

有哮喘或过敏性鼻炎家族史的小儿，发生过敏性鼻炎的风险较普通人群高出 2~6 倍，发生哮喘的风险高出 3~4 倍。多数患儿先是出现鼻炎，而后发生哮喘；少部分患儿先是有哮喘，然后出现鼻炎；或是二者同时发生。可见过敏性鼻炎和哮喘的发病具有明显的相关性。通常，高风险者是否患病以及患病后在呼吸道表现，与遗传基因的易感性、接触过敏原的种类、时间及强度有关。

三、发病机理

过敏原使机体释放组织胺，组织胺是可以引起一系列过敏症状的最主要物质。

四、临床表现

本病可发生于任何年龄包括幼婴时期，大多数患者于 20 岁前出现，是一个常见病。该病又称变应性鼻炎，是鼻腔粘膜的变应性疾病，并可引起多种并发症。另有一型由非特异性的刺激所诱

青少年应该知道的生物知识

发、无特异性变应原参加、不是免疫反应过程，但临床表现与上述两型变应性鼻炎相似，称血管运动性鼻炎或称神经反射性鼻炎，刺激可来自体外（物理、化学方面），或来自体内（内分泌、精神方面），故有人看作即是变应性鼻炎，但因在机体内不存在抗原抗体反应，所以脱敏疗法、激素或免疫疗法均无效。

1. 表现症状

（1）眼睛发红发痒及流泪

（2）鼻痒，鼻涕多，多为清水涕，感染时为脓涕

（3）鼻腔不通气，耳闷

（4）打喷嚏（通常是突然和剧烈的）

（5）眼眶下黑眼圈（经常揉眼所致）

（6）经口呼吸

（7）嗅觉下降或者消失

（8）头昏，头痛

（9）儿童可由于揉鼻子出现过敏性敬礼症（allergic salute）。

（10）表皮破裂

2. 常见的合并症状

（1）失眠

（2）鼻窦炎即鼻窦的感染

（3）中耳炎即中耳受到感染

（4）鼻出血。

上述是过敏性鼻炎常见的典型症状，每个人出现的症状可能有所不同，常年性发作型鼻炎的病人亦可同时出现季节性的发作。部分过敏性鼻炎的病人可能同时伴有鼻息肉，哮喘，打鼾等症状。

五、过敏性鼻炎的饮食禁忌

过敏性鼻炎饮食营养方面的调理，对于减缓过敏性鼻炎的症

状，也有不错的效果。以下介绍一些过敏性鼻炎患者在饮食上需特别留意的事项：

1. 过敏性鼻炎患者禁绝以下食物

牛肉、含咖啡因饮料、巧克力、柑橘汁、玉米、乳制品、蛋、燕麦、牡蛎、花生、鲑鱼、草莓、香瓜、蕃茄、小麦。

冷饮：过冷食物会降低免疫力，并造成呼吸道过敏。

刺激性食物：如辣椒、芥末等，容易刺激呼吸道黏膜。

特殊处理或加工精制的食物。

人工色素：特别是黄色五号色素。

避免香草醛、苯甲醛、桉油醇、单钠麸氨酸盐等食物添加物。

2. 过敏性鼻炎患者多吃以下食物

多吃含维生素 C 及维生素 A 的食物：菠菜、大白菜、小白菜、白萝卜等。

生姜、蒜、韭菜、香菜等暖性食物。

糯米、山药、大枣、莲子、意仁、红糖和桂圆等。

六、预防

过敏性鼻炎的最根本保健措施是了解引起自己过敏性的物质，即过敏原，并尽量避免它。

当症状主要发生在户外：应尽可能限制户外活动，尤其是接触花草或者腐烂的树叶，以及柳絮和法桐上果毛，外出时可以带口罩，或者可以到过敏原较少的海滨。

当症状主要发生在室内：可以注意以下几点：

1. 注意生活细节，减少过敏反应的生活细节

引起过敏症状的物质称做过敏原，在户外（一般为季节性过敏原）和户内（一般为常年性过敏原）均可被发现。以下 10 点可以帮助您减少这类过敏原。另外还要注意减少霉菌和霉变的发

青少年应该知道的生物知识

生，由于蟑螂的排泄物和动物的皮屑都是最常见的过敏原，因此你还要注意消除蟑螂，并处理好宠物及小动物。

生活细节：

（1）在花粉或者灰尘较多的季节，关闭汽车或者房间的窗户；

（2）移去过敏源，包括宠物，烟，甚至可疑的花草或者家具；

（3）使用有空气清洁过滤功能的空调，以去除花粉（但可能无法过滤灰尘）；

（4）可以使用温度调节器来减少室内的湿度，最好使空气湿度降到50%以下。

（5）修理潮湿的地下室，通气口和浴室，并应该去除室内或者阳台上的花草；

（6）持室内清洁无尘以减少过敏原，可利用吸尘器经常打扫卫生）；

（7）卧室内使用无致敏作用的床单及被褥，如使用密闭良好的床垫及枕头，及柔韧性较好的床单和枕巾等，并每周用热水清洗床单枕巾；并注意不要在户外晒被和床单，因为霉菌和花粉可以粘到被子上；

（8）用木板，地砖等代替地毯，尤其是固定于地板上的地毯更应去除。并不要种植需要不断浇水的花草，因为潮湿的土壤有利于霉菌的生长。

（9）收拾好你的小物件，如书籍，录音盒，CD，光盘以及长毛动物玩具等，这些物品都极易沾上灰尘，从而引起过敏。

（10）不要为减轻症状服用超量的药物；如果有反酸哎气可注意睡前勿进食及枕头垫高，并在医生指导下服用抗酸药。

（11）注意鼻腔清洁，经常清洗鼻腔。

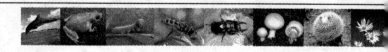

（12）加强室外体育锻炼，增强体质。

（13）保持室内清洁无尘以减少过敏原，可用吸尘器或湿抹布经常打扫房间；

2. 控制室内霉菌和霉变的发生

霉菌可以释放孢子从而引起过敏症状，广泛存在于人们的各个生活角落，尤其是湿润的环境中，如地下室及卫生间，一般霉菌的来源包括家用湿化器，浴缸，湿毛毯，淋浴房，花草，旧报纸，垃圾箱等，

（1）用漂白粉清洁，用漂白粉或者其它清洁剂清洗上述卫生间及垃圾箱。

（2）如果衣物发生霉变要尽早扔掉，或者酌情处理，去除霉菌。

（3）保持干燥，地毯应注意防止潮湿，并保持书籍，报纸和衣物的干燥通风，食物也应合理保存，防止霉变。

（4）房间和阳台上最好不要有经常需要浇水的喜阴类植物，潮湿的土壤里可能隐藏着大量的霉菌。

（5）彻底杀灭蟑螂等害虫；蟑螂已经存在超过 3 亿年，大部分生长在温暖和湿热的环境中，并在办公室，家庭房间内普遍存在，蟑螂不只是一种别人讨厌的家伙，而且其排泄物中的蛋白是引起过敏性鼻炎及哮喘的重要物质，尤其是生活在拥挤房间和城市的儿童。

（6）远离宠物。

过敏性鼻炎病人最好不接触及喂养宠物，与一般的认识相反，动物的毛发多不会引起过敏，而动物的皮屑，唾液及尿中的蛋白质则容易引起过敏性症状，这时不可见的蛋白质可以通过空气进入人的眼睛或者肺部和鼻腔。一只猫或者狗每周可以产生大量的过敏性物质，由于猫类和犬类都能产生皮屑，所以：

青少年应该知道的生物知识

①对过敏性患者，最好的办法是不接触，或者接触的时间尽可能少。

②如果一定要养宠物，最好先花一些时间和别的小动物在一起，确定对它有无过敏反应，或者喂养无皮毛的动物，如海龟，鱼类等。

③定期给动物清洁，可以请无过敏性疾病的人代为洗澡。

④清洗动物的笼子。动物的笼子内即使在动物搬出后数月都可以存在过敏原。

第八节　缺钙

钙是人体内含量最大的无机盐，约占体重的2%。钙不仅是构成骨骼组织的主要矿物质成分，而且在机体各种生理和生物化学过程中起着重要作用。正常人的血钙维持在2.18~2.63毫摩尔/升（9~11毫克/分升）。

一、生理作用

一是形成和维持骨骼、牙齿的结构及组成混溶钙池骨骼和牙齿中的钙占总量的99%，主要以羟磷灰石存在。其余的1%中一半与柠檬酸螯合或与蛋白质结合，另一半则以离子状态存在于软组织细胞外液及血液中，为混溶钙池。混溶钙池与骨骼钙间呈现动态平衡，即骨骼中的钙不断地在破骨细胞的作用下释放出来进入混溶钙池；而混溶钙池中的钙又不断地沉积于骨中，从而使骨骼中的钙不断得以补充更新，即为骨更新。

二是钙可维持细胞的正常生理状态细胞内的钙离子是细胞对

刺激产生反应的媒介。钙和受体钙等共同调节机体许多重要的生理功能，包括骨骼肌和心肌的收缩，平滑肌及非肌肉细胞活动及神经兴奋的维持。

三是参与血液凝固过程目前已知至少有 4 种依赖维生素 K 的钙结合蛋白参与血液凝固过程，即在钙离子存在下才可能完成级联反应，最后使可溶性纤维蛋白原转变为纤维蛋白，形成凝血。钙对人体的重要作用是不可替代的，钙缺乏病是常见的营养性疾病，为预防缺乏病，在日常生活中我们应注意科学合理地补充钙。

二、缺钙的表现

在日常生活中，我们还可以根据一些症状进行自我诊断。

1. 儿童

当孩子出现下面一些症状时，就应诊断为缺钙：不易入睡、不易进入深睡状态，入睡后爱啼哭、易惊醒，入睡后多汗；阵发性腹痛、腹泻，抽筋，胸骨疼痛，"X'型腿、"O"型腿，鸡胸，指甲灰白或有白痕；厌食、偏食；白天烦躁、坐立不安；智力发育迟、说话晚；学步晚，13 个月后才开始学步；出牙晚，10 个月后才出牙，牙齿排列稀疏、不整齐、不紧密，牙齿呈黑尖形或锯齿形；头发稀疏；健康状况不好，容易感冒等。

2. 青少年

青少年缺钙会感到明显的生长疼，腿软、抽筋，体育课成绩不佳；乏力、烦躁、精力不集中，容易疲倦；偏食、厌食；蛀牙、牙齿发育不良；易过敏、易感冒等。

3. 青壮年

一般情况下，青壮年都有繁重的生活压力，紧张的生活节奏往往使他们疏忽了身体上的一些不适，加之该年龄段缺钙又没有典型的症状，所以很容易掩盖病情。当有经常性的倦怠、乏力、

青少年应该知道的生物知识

抽筋、腰酸背疼、易过敏、易感冒等症状时，就应怀疑是否缺钙。

4. 孕妇及哺乳期妇女

处于非常时期的妇女，缺钙现象较为普遍。不过，随着优生优育知识的普及，人们对此期缺钙的症状较为熟悉。当她们感觉到牙齿松动；四肢无力、经常抽筋、麻木；腰酸背疼、关节疼、风湿疼；头晕，并罹患贫血、产前高血压综合征、水肿及乳汁分泌不足时，就应诊断为缺钙。

5. 老年人

成年以后，人体就慢慢进入了负钙平衡期，即钙质的吸收减少、排泄加大。老年人大多是因为钙的流失而造成缺钙现象。他们自我诊断的症状有老年性皮肤病痒；脚后跟疼，腰椎、颈椎疼痛；牙齿松动、脱落；明显的驼背、身高降低；食欲减退、消化道溃疡、便秘；多梦、失眠、烦躁、易怒等。

当然，检查是否缺钙，最可靠的办法还是去医院请专科医生检查诊断，然后在医生的指导下服药治疗。

三、补钙的途径

食补与药补。钙是一种营养素，营养素的补充首先选择食补，这样既安全又方便。每种食物都含有钙，只是有多有少，最佳的补钙食物是奶类（包括母乳、牛、羊乳、乳粉及各种奶制品）。奶类中被人们广泛应用的是牛奶。

鲜牛奶中含有促进人类生长发育以及维持健康水平的几乎一切必需的营养成分，它经过杀菌后，不需要进行任何调整即可直接供人体食用，且几乎可以被人体全部消化吸收，并无废弃排泄物。牛奶中的蛋白质是完全蛋白质，它能更好地维护身体健康，促进生长发育，开发儿童智力；牛奶中的脂肪易于人体消化吸收，含有人体必需的脂肪酸、卵磷脂和脂溶性维生素 A、D、E；此外

牛奶中的矿物质含量高，奶中的钙、磷比例非常合理，极易于人体的吸收。可以说奶中的钙对人体来说是吸收率最高的，它是儿童构造骨骼、牙齿，老年人预防骨质疏松的最佳食品。

第九节　神经衰弱

神经衰弱属于心理疾病的一种，是一类精神容易兴奋和脑力容易疲乏、常有情绪烦恼和心理生理症状的神经症性障碍。

一、神经衰弱的典型症状

1. 神经衰弱的症状体症

（1）易兴奋、易激惹。

（2）脑力易疲乏，如看书学习稍久，则感头胀、头昏；注意力不集中。

（3）头痛、部位不固定。

（4）睡眠障碍，多为入睡困难，早醒，或醒后不易再入睡，多恶梦。

（5）植物神经功能紊乱，可心动过速、出汗、厌食、便秘、腹泻、月经失调、早泄。

（6）继发性疑病观念。

2. 神经衰弱病人临床表现

神经衰弱病人临床表现复杂，同时有多种精神症状和躯体症状，归纳起来可分为六大类症状：

（1）脑力不足、精神倦怠

由于内抑制过程减弱，当受到内外刺激时，神经衰弱病人

青少年应该知道的生物知识

的神经细胞易兴奋，能量消耗过多，长期如此，病人就表现为一系列衰弱症状：患者经常感到精力不足、萎靡不振、不能用脑，或脑力迟钝、不能集中注意力、记忆力减退、工作效率减退。

（2）对内外刺激的敏感

日常的工作生活中，一般的活动如读书看报、收看电视等活动，往往可作为一种娱乐放松活动，但此时本病患者非但不能放松神经，消除疲劳，反而精神特别兴奋，不由自主地会浮想联翩，往事一幕幕展现在眼前，眼睛在看电视，自己脑子常也在"放电影"。尤其是睡觉以前本应该静心入睡，而病人不由自主地回忆、联想往事，神经兴奋无法入睡，深为苦恼。此外还有的病人，对周围的声音、光线特敏感，对其强弱的变化"斤斤计较"，引以苦恼。

（3）情绪波动、易烦易怒、缺乏忍耐性

内外环境中的刺激无疑是引起和影响人的情绪活动的决定因素，但不是唯一因素，为什么面对相同的刺激，不同的人的反应却不一样？这是由于人是自然界中的最高级动物，对精神生活有自觉性，有极强的制约作用，当然这种制约作用因人而异，主要是由神经的内抑制所决定的。神经衰弱的病人，由于内抑制减弱，遇事（刺激）易兴奋，从而缺乏正常人的耐心和必要的等待。往往表现为：①易烦多忧、②易喜善怒。

（4）紧张性疼痛

通常由紧张情绪引起，以紧张性头痛最常见。患者感到头重、头胀、头部紧压感，或颈项僵硬，有的还表现为腰背、四肢肌肉痛。这种疼痛的程度与劳累无明显关系，即使休息也无法缓解。疼痛的表现也往往很复杂，可以表现为持续性疼痛，或间歇性疼痛，有的病人还表现为钝痛或刺痛。总的来说，神经衰弱病人紧

张性疼痛表现繁多，但与情绪紧张密切相关。

（5）失眠、多梦

睡眠是人脑最好的休息方式之一。一般来说，人生中有1/3左右的时间是在睡眠中度过的。睡眠时，大脑皮质的皮质下部处于广泛地抑制状态，由脑干中特定的中枢进行调节，使大脑进行内部的重组、整顿和恢复。

（6）心理生理障碍

有些神经衰弱的病人，求治的主诉（病人最痛苦，最主要的症状）可能不是上述的五种，而是一组心理障碍的症状，如头昏、眼花、心慌、胸闷、气短、尿频、多汗、阳痿、早泄、月经不调等，很容易把本病的基本症状掩盖起来。

焦虑是许多病人的基本症状之一。焦虑可能是易于疲劳、记忆障碍、失眠的继发症状。病人经常对现实生活中的某些问题过分担心或烦恼，也会对未来可能发生的、难以预料的某些危险而担心烦恼。

总的来说，神经衰弱病人的临床表现是复杂的，通常认为最主要的表现是脑力不足、失眠、敏感、情绪波动等。

二、神经衰弱的原因

目前大多数学者认为精神因素是造成神经衰弱的主因。凡是能引起持续的紧张心情和长期的内心矛盾的一些因素，使神经活动过程强烈而持久的处于紧张状态，超过神经系统张力的耐受限度，即可发生神经衰弱。如过度疲劳而又得不到休息是兴奋过程过度紧张；对现在状况不满意则是抑制过程过度紧张；经常改变生活环境而又不适应，是灵活性的过度紧张。

人类中枢神经系统的活动，在机体各项活动中起主导作用。而大脑皮质的神经细胞具有相当高的耐受性，一般情况下并不容易引起神经衰弱或衰竭。在紧张的脑力劳动之后，虽然产生了疲劳，但稍事休憩或睡眠后就可以恢复，但是，强烈紧张状态的神经活动，一旦超越耐受极限，就可能产生神经衰弱。

三、神经衰弱导致的疾病

（1）慢性咽喉炎、口腔溃疡
（2）肠易激综合症、结肠炎、慢性胃炎
（3）神经性头痛、头晕、头昏、失眠、多梦
（4）抑郁、焦虑、恐惧、强迫、疑病症
（5）多汗、虚汗、盗汗、怕冷、怕风
（6）心脏神经官能症、胃神经官能症
（7）脖子肌肉僵硬、关节游走性疼痛、幻肢痛
（8）记忆差、反应迟钝、神经衰弱
（9）早泄症、易感冒、免疫力低下

四、神经衰弱的治疗

神经衰弱症状繁多，且病程迁延，得病后短期内能药到病除者甚少，虽现有治疗神经衰弱的方法不少，如药物治疗、心理治疗、康复治疗、物理治疗，中医治疗等等，每种治疗方法都各有所长，很难说其中的哪种方法效果最好。选择治疗方法一般都因人而异。有些病人听人介绍说某药物或某种方法治神经衰弱有神奇效果，便放弃了原本已取得一定疗效的方法，盲目地更换成他人的方法，结果不仅不见有效，原先的疗效可能也因此一并丢失了。

因此，治疗神经衰弱正确的方法应该是，在专科医师的指导下，根据病情选择合适的方法，一旦方案既定，不宜随意更动，见效后仍需作适当巩固。以下是目前临床上几种常用的治疗方法：

1. 药物治疗

最新的舒眠解郁组合阶梯式疗法；较常使用的有抗焦虑药及抗抑郁药，这些药对稳定病人焦虑烦躁或抑郁情绪有明显效果，其中抗焦虑药又多有改善睡眠作用。常用的药物有阿普唑仑、黛力新与氟西汀、帕罗西汀等。若部分病人自觉脑力迟钝、记忆减退，可予服用小剂量脑代谢改善剂，如吡拉西坦、银杏叶片等。

天麻素注射液治疗神经衰弱有明显的作用（丹彤或曲络彤天麻素注射液）

2. 中医治疗

中医认为神经衰弱多系心脾两虚或阴虚火旺所致，治疗时应按辨证施治原则，选择不同的处方。此外，针灸、气功、推拿、拔罐等传统的中医疗法，对部分神经衰经也有一定疗效，可在医师指导下选用。

3. 中药治疗

中医药治疗神经衰弱、失眠有其独到的见解，且疗效显著。传统的以西药治疗失眠和抑郁症的方法，往往副作用大、容易上瘾。中医药具有安眠抑郁药没有的优点，即不会成瘾，也不会产生依赖性。中医药学现代化也让中医药在治疗神经衰弱、失眠症领域大显身手，通过精选天然名贵药材，组合治疗神经衰弱、失眠的优秀方剂，有一大批高科技中医药成果在神经衰弱、失眠治疗领域发挥着重要作用，如酸枣仁胶囊、百合酸枣仁胶囊、九味神安胶囊等，加之采用心理行为治疗方法，对解决失眠，提升睡眠质量，缓解头疼、眩晕、疲惫等现象；舒解紧张、焦虑、抑郁、记忆力减退、神经衰弱等不适症状，取得了十分满意的疗效。

4. 心理治疗

可以通过解释、疏导等向病人介绍神经衰弱的性质，让其明确本病并非治愈无望，并引导其不应将注意力集中于自身症状之

青少年应该知道的生物知识

上，支持其增加治疗的信心。另外还可采用自我松弛训练法，也有心理医生采用催眠疗法治疗。

5. 物理治疗

有经络导平治疗、电磁场治疗、脑功能保健治疗、生物反馈治疗等多种。

总之，治疗神经衰弱的方法不少，最好能综合使用，若能调动病人主观能动性，积极配合治疗，更能达到最佳治疗效果。

第十节　营养不良

一、概述

广义的营养不良（malnutrition）应包括营养不足或缺乏以及营养过剩两方面，现只对前者进行论述。营养不良常继发于一些医学和外科的原因，如慢性腹泻、短肠综合征和吸收不良性疾病。营养不良的非医学原因是贫穷食物短缺。缺乏营养知识，家长忽视科学喂养方法。在发达国家营养不良的病人通常可以通过治疗原发病、提供适当的膳食，对家长进行教育和仔细的随访而治疗。但在许多第三世界国家，营养不良是儿童死亡的主要原因。在营养不良、社会习惯、环境和急、慢性感染之间存在着复杂的交互影响，以至治疗是非常困难，并不是单单提供适当的食物即可解决。

二、诊断

1. 病史

应掌握小儿的膳食摄入情况，饮食习惯，进行膳食调查以评价蛋白质和热能的摄入情况，有无影响消化、吸收、慢性消耗性疾病存在，并了解家庭的一般状况，家属的生长模式、家长的身高、体重和对孩子的关心程度。

2. 临床症状

常有两种典型症状。消瘦型（marasmus），由于热能严重不足引起，小儿矮小、消瘦，皮下脂肪消失，皮肤推动弹性，头发干燥易脱落、体弱乏力、萎靡不振。另一种为浮肿型（kwashiorkor）由严重蛋白质缺乏引起，周身水肿，眼睑和身体低垂部水肿，皮肤干燥萎缩，角化脱屑，或有色素沉着，头发脆弱易断和脱落，指甲脆弱有横沟，无食欲，肝大、常有腹泻和水样便。也有混合型，介于两者之间。并都可伴有其他营养素缺乏的表现。

3. 体格测量

体格测量是评估营养不良最可靠的指标，目前国际上对评价营养不良的测量指标有较大变更，它包括三部分。

（1）体重低下　儿童的年龄别体重与同年龄同性别参照人群标准相比，低于中位数减2个标准差，但高于或等于中位数减3个标准差，为中度体重低下，如低于参照人群的中位数减3个标准差为重度体重低下，此指标反映儿童过去和（或）现在有慢性和（或）急性营养不良，单凭此指标不能区分属急性还是慢性营养不良。

（2）生长迟缓　儿童的年龄性别身高与同年龄同性别参照人群标准相比，低于中位数减2个标准差，但高于或等于中位数减3个标准差，为中度生长迟缓，如低于参照人群的中位数减3个标准差为重度生长迟缓，此指标主要反映过去或长期慢性营养不良。

（3）消瘦　儿童的身高和体重与同年龄、同性别参照人群标

青少年应该知道的生物知识

准相比，低于中位减 2 个标准差，但高于或等于中位数减 3 个标准差，为中度消瘦，如低于参照人群的中位数减 3 个标准差为重度消瘦，此指标反映儿童近期急性营养不良。

三、治疗措施

1. 急救期的治疗

（1）抗感染　营养不良和感染的关系密不可分，最常见的是患胃肠道、呼吸和/或皮肤感染，败血症也很多见。均需要用适当的抗生素治疗。

（2）纠正水及电解质平衡失调　在营养不良的急救治疗中，脱水和电解质平衡失调的处理是特别重要，尤其在腹泻伴营养不良的小儿中，需注意以下几点：

①注意液体的进入量以防发生心力衰竭。

②调整和维持体内电解质平衡：营养不良儿常严重缺钾，在尿量排出正常时，可给钾 6 ~ 8mmol/（kg·d），至少维持 5 天。同时也有钙、镁、锌和磷的缺乏，如不及时处理，当给予高热能、高张的肠道外营养液时还会进一步恶化。一般补充镁 2 ~ 3mmol/（kg·d），锌 1 ~ 2mmol/（kg·d），钙给常规量，钠补充少量以免心衰，约为 3 ~ 5mmol/（kg·d）。

149

（3）营养支持　在液体和电解质不平衡纠正后，营养不良的治疗取决于肠道吸收功能的损害程度，如果肠道吸收功能不良，可以根据需要采用中心静脉营养或外周静脉营养，前者保留时间长，输入的营养液浓度较高，而后者不能超过 5d。肠道外营养液的成份和量应以维持儿童的液体需要为基础，一般 100ml/（kg·d）。蛋白质一般 2g/（kg·d）。脂肪是热能的主要来源，可提供总热能的 60%。在应用肠道外静脉营养时，应监测血清葡萄糖，每 6h1 次，以防高血糖症发生。每周应随访肝功能。

2. 并发症治疗

（1）低血糖 尤其在消瘦型多见，一般在入院采完血后即可静注505葡萄糖10ml，予以治疗，以后在补液中可采用5%～10%的葡萄糖液。

（2）低体温 在严重消瘦型伴低体温死亡率高，主要由于热能不足引起。应注意环境温度（30℃～33℃），并用热水袋或其他方法保温（注意烫伤）同时监测体温，如需要可15分钟一次。

（3）贫血 严重贫血如Hb＜40g/L可输血，消瘦型一般为10ml/kg～20ml/kg，浮肿型除因贫血出现虚脱或心衰外一般不输血。轻、中度贫血可用铁剂治疗，2～3mg/（kg·d），持续3个月。

3. 恢复期治疗

（1）提供足量的热能和蛋白质极为重要。在计算热能和蛋白质需要时应按相应年龄的平均体重（或P50）计算，而不是小儿的实际体重。每公斤体重需要的热能和蛋白质见表3-1，再乘以理想体重即为每天的摄入量。

（2）食物的选择 选择适合患儿消化能力和符合营养需要的食物，尽可能选择高蛋白高热能的食物，如乳制品和动物蛋白质如蛋、鱼、肉、禽和豆制品及新鲜蔬菜、水果。

（3）促进消化和改善代谢的功能

（4）药物治疗 给予各种消化酶如胃蛋白酶、胰本科以助消化。适当应用蛋白同化类固醇剂如苯丙酸诺龙，每次肌注10～25mg，每周1～2次，连续2～3周，可促进机体蛋白质合成，增进食欲，但在用药期间应供应足够的热能和蛋白质。

4. 病因治疗

治疗原发病如慢性消化系统疾病和消耗性疾病如结核和心、肝、肾疾病。向家长宣传科学喂养知识，鼓励母乳喂养，适当添

青少年应该知道的生物知识

加辅食，及时断奶。改变不良饮食习惯如挑食、偏食等。

四、临床表现

常有两种典型症状。消瘦型（marasmus），由于热能严重不足引起，小儿矮小、消瘦，皮下脂肪消失，皮肤推动弹性，头发干燥易脱落、体弱乏力、萎靡不振。另一种为浮肿型（kwashiorkor）由严重蛋白质缺乏引起，周身水肿，眼睑和身体低垂部水肿，皮肤干燥萎缩，角化脱屑，或有色素沉着，头发脆弱易断和脱落，指甲脆弱有横沟，无食欲，肝大、常有腹泻和水样便。也有混合型，介于两者之间。并都可伴有其他营养素缺乏的表现。

五、并发症

低血糖、低体温、贫血。

第四章　生物毒素

第一节　毒品

　　毒品问题是当今国际社会面临的一个严重社会问题。受国际毒潮泛滥和国内涉毒因素影响，虽然国家不断加强禁毒工作力度，但我国毒品问题仍呈发展蔓延的趋势，既面临境外毒品渗透加剧和国内毒品来源增多的双重压力，也面临鸦片类传统毒品继续发展和冰毒、摇头丸等新型毒品迅速蔓延的双重压力，禁毒工作面临的形势依然严峻，毒品问题在我国也成为一大毒瘤，威胁到广大人民的身心健康。一些由于无知沾染上吸毒恶习的同志，毁掉了青春，毁掉了家庭，毁掉了前途，乃至失去了生命……

　　禁毒、拒毒已成为和广大职工息息相关、万不可掉以轻心的工作。为了切实开展这一工作，我们应了解毒品的危害和如何拒绝毒品。

一、什么是毒品

毒品是指国际禁毒公约规定的受管制的麻醉药品和精神药品。根据我国《刑法》第357条规定：毒品是指鸦片、海洛因、甲基苯丙胺（冰毒）、吗啡、大麻、可卡因以及国家规定管制的其它能够使人形成瘾癖的麻醉药品和精神药品。

二、毒品的种类

常见的毒品种类有鸦片类、大麻类、可卡因类、苯丙胺类等。鸦片类毒品主要包括鸦片、吗啡、海洛因等；大麻类毒品主要包括大麻烟、大麻脂、大麻油等；可卡因类毒品主要包括古可碱、盐酸可卡因等；苯丙胺类毒品主要是指苯丙胺类的兴奋剂。另外，还有一些其他类型的毒品。

1. 鸦片

鸦片，又称阿片，包括生鸦片和精制鸦片。将未成熟的罂粟果割出一道道的刀口，果中浆汁渗出，并凝结成为一种棕色或黑褐色的粘稠物，这就是生鸦片。精制鸦片亦称"禅杜"，即经加工便于吸食的鸦片。另外还有鸦片渣、鸦片叶、鸦片酊、鸦片粉都是鸦片加工产品，均可供吸食之用。长期吸食鸦片可使人先天免疫力丧失，引起体质严重衰弱及精神颓废，寿命也会缩短，过量吸食可引起急性中毒，可因呼吸抑制而死亡。

2. 海洛因

海洛因（Herion）通常是指二乙酰吗啡，它是由吗啡和醋酸酐反应而制成的。海洛因被称为世界毒品之王，是我国目前监控、查禁的最重要的毒品之一。海洛因品种较多，其中较为流行的有西南亚海洛因、中东海洛因、东南亚海洛因。所谓"3号海洛因"、"4号海洛因"即为东南亚海洛因中的两种。对海洛因的分

号，联合国和我国均无特别的规定，而是香港、东南亚地区的一种习惯分法。3 号海洛因的纯度一般为 30% ~ 50%；4 号海洛因的纯度为 80%。吸食海洛因极易成瘾，且难戒断，长期吸食者，瞳孔缩小，说话含糊不清，畏光，身上发痒，身体迅速消瘦，容易引起病毒性肝炎、肺气肿和肺气栓塞，用量过度会引起昏迷、呼吸抑制而死亡。

3. 吗啡

吗啡（Morphine）是鸦片中的主要生物碱，在医学上，吗啡为麻醉性镇痛药，但久用可产生严重的依赖性，一旦失去供给，将会产生流汗、颤抖、发热、血压升高、肌肉疼痛和痉挛等明显的戒断症状。长期使用吗啡，会引发精神失常，大剂量吸食吗啡，会导致呼吸停止而死亡。

4. 大麻

大麻产自地球上的温暖地区或热带地区，为一年生草本植物。法律所禁止的大麻的叶子、苞片和花朵中含有一种叫做四氢大麻酚的化合物。含这种四氢大麻酚的大麻主要产在印度、摩洛哥等地。今天世界上多数毒品大麻是在墨西哥和哥伦比亚种植的。长期吸食大麻可引起精神及身体变化，如情绪烦燥，判断力和记忆力减退，工作能力下降，妄想、幻觉，对光反应迟钝、言语不清和痴呆，免疫力与抵抗力下降，对时间、距离判断失真，控制平衡能力下降等等，对驾车和复杂技术操作容易造成意外事故。

5. 可卡因

可卡因是一种最强的天然产中枢神系统兴奋剂，是从古柯属植物古柯灌木的叶中提取出来的一种生物碱。此类毒品主要有古柯叶、古柯膏、可卡因等品种。具有麻醉感觉神经末梢和卵阻断神经传导的作用，可作为局部麻醉药。

非法制作，贩卖的可卡因一般有三种类型：坚硬块状，大量销售的往往是此种可卡因。薄片状，此种可卡因一般纯度较高，被吸毒者视为可卡因精品。粉末状，这往往是用于零售而被稀释的可卡因。

在非法毒品交易中，可卡因被称为 snowakg coke。由于可卡因的价格较一些毒品为贵，因此又将吸服可卡因称"国王的嗜好"。服用可卡因常用方法是鼻吸，另外还有抽服、口服和注射等。

可卡因对人体中枢神经系统具有强烈作用，服用一定剂量的可卡因后，可使服用者在心理上和精神上产生舒适的欣快感，并伴有幻听幻视。亦可使人极度兴奋，行为丧失约束力，举止颠狂冲动，并导致性暴力或其他暴力行为。可卡因十分容易使人上瘾，用药后极短时间，甚至数周内即可使人产生心理依赖性。长期服用者，精神日渐衰退，有些则发展为偏执狂型精神病。可卡因是具有高度精神依赖性的药物，可造成吸服者精神变异、焦虑、抑郁或偏执狂，身体危害表现为眼睛反应特别迟钝，耳聋、口腔、鼻腔溃疡，丧失食欲并导致营养不良，大剂量使用会造成严重合并症甚至死亡。

6. "冰毒"

冰毒即甲基苯丙胺，又名甲基安非他明、去氧麻黄碱，是一种无味或微有苦味的透明结晶体，形似冰，故俗称"冰毒"。

"冰毒"为1919年首先由一名日本化学家研制合成，1947年开始应用于临床，通过口服或静脉注射，作为中枢神经兴奋药或用于治疗麻醉药过量、精神抑郁症及发，作性睡眠等亦被用作遏止食欲药以治疗肥胖症。

由于"冰毒"可消除疲劳，使人精力旺盛，故在第二次世界大战期间，在日本曾被广泛用于疲惫的士兵和弹药厂的工人提神。大战结束后，"冰毒"已成为日本最为流行的毒品。尽管在50年

"冰毒"就已被禁止制造和使用，但日本始终是这种毒品的最大市场，在南朝鲜、台湾亦有相当的市场。80年代初，"冰毒"经夏威夷进入美国市场，在南朝鲜、台湾亦有相当的市场。由于吸服这种毒品较为便捷，吸服后可产生强烈的心理及生理兴奋状态，且兴奋期持续时间长，故倍受吸毒者青睐，以至迅速向世界各地扩散。

　　该毒品主要流行于日本、韩国、台湾、菲律宾等东亚国家和地区。

　　由于该毒品可一次成瘾，其商品名称为 SPEED（快速丸）。"冰毒"可造成精神偏执，行为举止咄咄逼人，并引发反社会及性暴力倾向，还可引起吸服者失眠、幻觉、情绪低落，同时严重损害内脏器官和脑组织，严重时导致肾机能衰竭及精神失常，甚至造成死亡。

　　7.　"摇头丸"

　　"摇头丸"是甲基苯丙胺的衍生物，也是一种兴奋剂，又称"甩头丸"、"快乐丸"、"疯丸"等等，常制成颜色、图案各异的片剂。摇头丸90年代初流行于欧美，可以抽吸、注射或鼻吸。

　　"摇头丸"有效成分主要为甲基安非他明（MA）、安非他明（A）、MDMA（N－甲基－3，4－亚甲基二氧安非他在明）、MDA（亚甲基安非他明）。掺杂物主要为咖啡因、氯胺酮、苯海拉明和苯巴比妥等。

　　近两年，"摇头丸"在我国渐呈泛滥之势，其主要滥用场所为舞厅、卡拉OK歌厅等公共娱乐场所。"摇头丸"具有强烈的中枢神经兴奋作用，服用后表现为情感冲动、兴奋异常、自我约束力下降、听到音乐后摇头不止，并有迷幻感觉和暴力倾向。使用数次即可成瘾，轻者出现头晕、乏力、体重减轻、失眠、恶心等症状，长期服用除导致产生精神分裂外，还导致死亡。"摇头丸"

青少年应该知道的生物知识

具有很大的社会危害性，被认为是未来世纪最具危险的毒品。

三、毒品的危害

1. 毒品严重危害人类的健康

毒品，包括各种兴奋剂、抑制剂和致幻剂都会损害人的健康，并且会诱发肝炎、爱滋病等严惩传染性疾病的蔓延，从长远看还会影响民族素质的提高，是直接威胁人类生存、发展的大敌。

（1）毒品摧残人的生理健康

①毒品毒害人体各重要的组织、器官，干扰、破坏正常的新陈代谢过程。以鸦片类毒品为例，它对人的中枢神经系统有强烈的抑制作用，降低呼吸频率，由此引起机体缺氧，代谢功能紊乱，严重时因呼吸中枢麻痹、衰竭而死亡。鸦片类毒品对循环系统的毒害表现为血压下降，心动过缓，脑脊液压力升高、输尿管平滑肌和膀胱括约肌受到抑制后会导致尿量减少等症状。研究表明，鸦片类毒品由肺泡或肠道粘膜吸收后，通过血液循环迅速分布到全身各重要脏器和组织，使这些器官均受到不同程序的毒害，据不完全统计，我国这几年因吸食或注射鸦片类毒品死亡的人数每年有几百人之多。在美国这一数字已高达 2500 人左右，而且呈逐年上升的趋势。

②吸毒导致人的体质下降。吸毒会有两个方面的间接作用导致人的体质下降，感染各种疾病。一是因为鸦片类毒品表现上的兴奋作用提高了胃肠道平滑肌和括约肌的张力，使蠕动减弱，食物在胃肠道的正常消化、输送减慢，出现消化和吸收功能的障碍并导致食欲不振甚至完全丧失。另一方面吸毒者又整天沉溺于毒品之中，正常的生活节律被破坏殆尽，经济状况又急剧恶化，营养摄入严重不足，健康状况日益下降。据各地戒毒所统计，吸毒上瘾者体重普遍下降 10 千克以上，有的甚至可以下降 20 多千克。

二是毒品破坏人体免疫机制，使吸毒者极易感染各种疾病，由此而引起的死亡已成为吸毒者继过量吸毒猝死、长期吸毒导致重要脏器中毒破坏而死亡之后的第三个死亡原因。

（2）毒品导致了爱滋病、性病、肝炎和肺结核等严重传染病蔓延。

①采用静脉、皮下或肌肉注射的形式吸毒的人，使用不洁注射器或共用注射器造成血液直接传播。据统计以注射形式吸毒的人其爱滋病感染率约为50%～60%。我国卫生部通报，云南省有800多名携带者是由注射毒品被感染的。

②通过性接触（包括同性恋）感染病毒。爱滋病毒进入人体后有相当长的潜伏期，在此期间内毫无症状，而吸毒者在初期由于毒品的刺激、兴奋作用，性活动十分频繁，此外女性吸毒者几乎最后都会走上卖淫获取毒资或换取毒品的道路，这样除了传播性病外还极易通过性伙伴感染或散布 HIV。此外，毒品还助长了性病、肝炎和结核等多种危害人体健康传染病的蔓延。

（3）毒品损害人的心理健康

近年来的研究证实，许多毒品都能直接改变人脑中部分化学物质的结构，破坏、扰乱了人体正常的高级神经活动，有的甚至毒害、损伤了神经组织，导致精神、心理异常、智力衰退、性情乖张、冷漠孤独、人格扭曲、甚至心理变态，唯有对毒品的依赖却越来越严重。

（4）吸毒影响民族素质的提高

毒品不仅严重危害吸毒者的身心健康，传播包括爱滋病在内的各种严重的传染病，而且会使周围的人群被动吸毒，特别是还会影响下一代的健康。大量的事实表明，怀孕吸毒者死胎比例远远高于正常人群，即使胎儿存活也大都有体质孱弱、智能低下、先天畸型或肢体残缺等缺陷。因此，若放任毒品蔓延，必将影响

青少年应该知道的生物知识

民族素质的提高。

四、怎样拒绝毒品

首先了解毒品的基本知识

一要知道什么是毒品；

二要知道吸毒极易成瘾，难以戒除；

三要知道毒品的危害；

四要知道毒品违法犯罪要受到法律制裁

其次要热爱生命，树立正确的人生观、世界观，以乐观积极的生活态度迎接挑战。

再次，要有一个良好的生活习惯。每天的学习、工作、娱乐和作息要合理安排，凡事有个度，超出这个度不仅损害身心健康，还会给违反社会公德的犯罪分子造成可乘之机。特别是在娱乐场所的活动中，提高警觉性、不随便接受陌生人的饮料香烟。稍有松懈，就可能使自己脱离正常的生活轨道，最终追悔莫及。

再次，正确把握好奇心，抵制不良诱惑。面对毒品，一定要态度鲜明，千万不要心存侥幸，以好奇为由去尝试，自觉抑制不良诱惑，千万不要吸食第一口。

另外，正确面对困难和挫折。生活中遇到考试成绩不尽人意、和朋友吵架分手、家庭生活遇到困难等都是正常的，要正确对待。遇到这类情况时，可以试着和父母、老师、同伴沟通，或者听听自己喜欢的音乐，参加自己喜欢的体育活动等，分散你的注意力，排解烦恼，绝对不要用毒品来麻醉自己，逃避现实，回避困难。当别人用毒品来引诱你、安慰你时，一定要意志坚定，坚决拒绝。请相信：挫折和困难是暂时的，战胜挫折和困难是宝贵的人生财富。

第二节　蝎毒

一、蝎毒的定义

又称蝎子毒。是蝎子产生的毒素。主要含有多种昆虫的神经毒素和哺乳动物的神经毒素。尚含有心脏毒素、溶血毒素、透明质酸酶及磷脂酶等。每次尾螯的排毒量约有 1mg 毒液。中国蝎毒的致死毒性比美洲地区的小。哺乳动物的神经毒素主要作用于钠通道，是研究钠通道的工具药。蝎毒对人的危害较大，可致局部炎症、疼痛、疲劳、身体不适、心律不齐及呼吸衰竭。儿童对蝎毒甚为敏感，中毒时必须尽快使用抗蝎毒血清治疗。

蝎毒具有两大毒素，即神经毒素和细胞毒素，它在神经分子，分子免疫，分子进化，蛋白质的结构与功能等方面有着广阔的应用前景。蝎毒对神经系统、消化系统、心脑血管系统、癌症、皮肤病等多种疾病，以及对人类危害极大的各种病毒均有预防和抑制作用。蝎毒的研究日益为各国科学家重视，在国际市场上价格昂贵。欧美一些国家已把蝎毒制剂用于临床。目前国内已有多家科研单位进行研究并计划生产。可以预料蝎毒将会为人类医疗保健事业发挥巨大作用。

二、蝎毒的提取

1. 采毒对象

一般说来，生长发育正常的成年蝎都可进行采毒。雌蝎毒量多些，雄蝎少些，不过应注意临产孕蝎严禁采毒，否则仔蝎成活率太低。

2. 采毒方法

应采用动物毒采集仪以电脉冲刺激法采取蝎毒，坚决淘汰剪尾法和人工机械刺激法采毒。因为电脉冲刺激采毒后仔蝎的成活率较人工机械刺激法及剪尾法大大提高，还可以多次采毒，在经济上合算，是一种持之有效的采毒方法。

3. 采毒季节

采毒只能在适宜蝎生长发育的季节进行。以温度指标来说，一般以 25℃ ~ 39℃ 为采毒的最佳温度，20℃ 以下不宜采毒，在冬眠期间更不能采毒，否则可能导致蝎的死亡。

4. 采毒周期

在电脉冲的刺激下，每采一次毒都基本上使毒腺中的毒液排空。新合成毒液涉及蝎体内一系列生物化学过程，这一过程所需的时间就是采毒期，一般要 7 ~ 20 天左右。

5. 加强管理

采毒后的蝎行动迟缓，捕食能力下降，但食欲增大。因此，采毒后，应将蝎放在温湿条件适宜的地方，先让其自然恢复；待其能正常活动后，应投放一些体小多汁的幼虫（因捕食能力下降，不能吃老龄体大的虫子）供其采食；由于蝎被采毒后食欲大增，故白天也应投放一定量的食物。

三、蝎子的形态特征

成蝎外形，好似琵琶，全身表面，都是高度几丁质的硬皮。成蝎体长约 50 ~ 60mm，身体分节明显，由头胸部及腹部组成，体黄褐色，腹面及附肢颜色较淡，后腹部第五节的颜色较深。蝎子雌雄异体，外形略有差异。头胸部，由六节组成，是梯形，背面复有头晌甲，其上密布颗粒状突起，背部中央有一对中眼，前

端两侧各有 3 个侧眼，有附肢 6 只，第一对为有助食作用的螯肢，第二对为长而粗的形似蟹螯的角须，可捕食、触觉及防御功能，其余四对为步足。口位于腹面前腔的底部。

前腹部较宽，由 7 节组成。后腹部为易弯曲的狭长部分，由 5 个体节及一个尾刺组成。第一节有一生殖厣，生殖厣覆盖着生殖孔。雌蝎可从生殖孔娩出仔蝎，雄蝎可从生殖孔中产出精棒，与母蝎殖孔相交。雄蝎体内只有两根精棒，一生只能交配两次。雌蝎交配 1 次，可连续生育 4 年，直到寿命结束。蝎子的寿命 5～8 年。蝎子为卵胎生，受精卵在母体内完成胚胎发育。气温在 30℃～38℃ 之间产仔。

在交配时，雄蝎的精棒刺入母蝎的体内，母蝎感到很难受，便向雄蝎发起进攻，雄蝎此时必须赶紧逃跑，否则母蝎会将其吃掉。传说母蝎会吃自己的孩子，其实吃掉的是病了的小蝎子。

尾刺（sting）是主要药用部位，亦名毒刺、毒针、螫刺，位于身躯的最末一节。它是由一个球形的底及一个尖而弯曲的钩刺所组成，从钩刺尖端的针眼状开口射出毒液。蝎毒液是由一对卵圆形、位于球形底部的毒腺所产生，毒腺的细管与钩针尖端的两个针眼状开口（毒腺孔）相连。每一个腺体外面包有一薄层平滑肌纤维，借助肌肉强烈的收缩，由毒腺射出毒液，用以自卫和杀死捕获物。《本草衍义》中说："蝎，大人小儿通用，治小儿惊风不可阙也"。有用全者，有只用梢者，梢力尤功，所谓"梢力尤功"，指蝎毒之效。尾刺只能上下垂直活动，不能左右摆动，掌握此点，可以用大拇指和食指正面捏住尾刺，而不致被螫伤。

四、蝎子的活动习性

蝎子分布于中国北方大部分地区，以及南方的江苏、福建、

青少年应该知道的生物知识

台湾等地。栖息于山坡石砾中、落叶下、坡地缝隙、树皮内以及墙缝、土穴、荒地阴暗处。喜欢在潮湿的场地活动，在干燥的窝穴内栖息。胆小易惊，怕强光，昼伏夜出。喜群居，好静不好动，多在固定的窝穴内结伴定居。夜间外出寻食、饮水以及交配。视力很差。以活动的小动物为食。具有极强的耐饥能力，可饥饿70~80天而不死。

五、蝎子蜇了怎么办

当你被蝎子蜇伤后，应立即用手帕、布带或绳子在伤口的上方3~5厘米（近心端）处扎紧，同时拔出毒钩，并用挤压、吸吮等方法，尽量使含有毒素的血液由伤口挤出，必要时请医生切开伤口吸取毒液，以防被蝎毒污染的血液流入心脏，并用双手在伤口周围用力挤压伤口，直到挤出血水；而后应在局部涂上些浓肥皂水或碱水。用3%氨水、5%苏打水或者0.5%的高锰酸钾洗涤伤口，或将明矾研碎用醋调成糊状涂在伤口上。

可用"南通蛇药片"以凉水调成糊状，在距伤口2厘米处环敷一圈（药不要进入伤口）。伤口妥善处理后即可将绑扎带松开；根据情况，可预防性应用一些抗生素，中毒严重者及儿童，应立即送医院救治。

也可选用以下药物外敷：

（1）明矾，研细末，用米醋调敷；

（2）雄黄、明矾等份，研细末，用茶水调敷；

（3）大青叶、马齿苋、薄荷叶捣烂外敷即可。

第三节　蛇毒

一、蛇毒概述

毒蛇产生的用于致猎物于死地的剧毒物质，它并非生存逼迫它们产生的，而是大自然神秘莫测地在它们身上调制而成的物质，分为神经性毒液和溶血型毒液，其中神经性毒液主要由一种非洲树眼镜蛇分泌，溶血型毒素主要由蝰蛇（蝮蛇）和响尾蛇产生，溶血型毒液比神经性毒液更加有效，对诸如鼠类地猎物，它几乎立即会起作用。

二、蛇毒的种类

1. 血液循环毒素

如蝰蛇、腹蛇、竹叶青、五步蛇等。它造成被咬伤处迅速肿胀、发硬、流血不止，剧痛，皮肤呈紫黑色，常发生皮肤坏死，淋巴结肿大。经 6～8 小时可扩散到头部、颈部、四肢和腰背部。病犬战栗，体温升高，心动加快，呼吸困难，不能站立。鼻出血，尿血，抽搐。如果咬伤后 4 小时内未得到有效治疗则最后因心力衰竭或休克而死亡。

2. 神经毒素

包括金环蛇、银环蛇等蛇分泌的毒素。咬伤后，局部症状不明显，流血少，红肿热病轻微。但是伤后数小时内出现急剧的全身症状，病人兴奋不安，痛苦呻吟，全身肌肉颤抖，吐白沫，吞咽困难，呼吸困难，最后卧地不起，全身抽搐，呼吸肌麻痹而死

青少年应该知道的生物知识

亡。另外，现在已经有科学家在研究这种神经毒素可以用来治疗某些寄生在人体神经系统的病毒，例如狂犬病毒。

3. 混合毒素

眼镜蛇和眼镜王蛇的蛇毒属于混合毒素。局部伤口红肿，发热，有痛感，可能出现坏死。毒素被吸收后，全身症状严重而复杂，既有神经症状，又有血循毒素造成的损害，最后，犬死于窒息或心动力衰竭。

三、毒蛇

有毒的蛇，头部多为三角形，有毒腺，能分泌毒液。毒蛇咬人或动物时，毒液从毒牙流出使被咬的人或动物中毒。蝮蛇、白花蛇等就是毒蛇。毒液可供医药用。

全世界 3000 种毒蛇中仅约 15% 被认为对人类是有毒的。在美国约有 25 种蛇是毒蛇或有毒性唾液分泌物，除阿拉斯加，缅因州和夏威夷外，其它各州的毒蛇都是本地的。在美国虽然每年有 8000 多人被毒蛇咬伤，但其中死亡者每年不到 6 人，大多数为儿童，老年人，某些宗教派中耍弄毒蛇的教徒和未治或治疗不力者。大多数系被响尾蛇咬伤而且几乎所有死亡者均被响尾蛇咬伤所致。被其它毒蛇咬伤的大多为铜头蛇和少数的棉口蛇（一种水中的噬鱼蛇）。珊瑚蛇占所有蛇咬伤的 <1%。每年被动物园，学校，养蛇场，业余和职业养蛇者所收养的进口蛇咬伤约 100 例，多数被咬者为男性青年，其中 50% 是中毒的，而且多发生于故意玩弄蛇或使蛇恼怒的时候，咬伤的部位以四肢为最常见。

四、中毒症状

蛇的类别大多数颊窝毒蛇咬伤的局部症状和体征是咬伤部位及邻近组织立即出现明显的灼痛，水肿（通常在 10 分钟内，很少

超过30分钟）以及红斑和瘀斑。若不治疗，水肿发展迅速并可在数小时内累及整个肢体。可出现区域性淋巴管炎和肿大触痛的淋巴结并伴有受伤部位表面的体温升高。在中等度或严重响尾蛇咬伤时，瘀斑常见，在咬伤后3~6小时内出现于咬伤的部位。被东方及西方菱背响尾蛇和大草原，太平洋及树林响尾蛇咬伤后，大多数都十分严重；而被铜头蛇和莫哈维响尾蛇咬伤后则不严重。皮肤可出现紧绷，变色；8小时内通常在被咬部位出现疱疹并常可出血。这些变化通常是表浅的，因为北美响尾蛇咬伤仅局限于皮肤和皮下组织。若不治疗，咬伤处的周围坏死常见，并且周围的表浅血管可有血栓形成。大多数蛇毒作用的高峰出现于咬伤后4天之内。

全身性症状包括恶心，呕吐，出汗，发热，全身乏力虚弱，感觉异常，肌肉自发性收缩，精神状态改变，低血和休克。响尾蛇咬伤者可有橡胶味，薄荷味和金属味。莫哈维响尾蛇咬伤可引起呼吸抑制。响尾蛇蛇毒中毒可引起范围广泛的凝血异常，包括凝血酶原时间（按国际正常化比率测定）或部分凝血致活酶激活时间（aPTT）延长，血小板减少，低纤维蛋白原血症，纤维蛋白降解产物升高或上述变化共同存在的类似于弥漫性血管内凝血（去纤维蛋白）的综合征。出血可发生于被咬部位或粘膜，可见呕血，黑粪和血尿。大多数病例，血细胞比容明显上升是继发于血液浓缩的早期现象，后来可因补液和凝血障碍所致的失血而可使血细胞比容下降。在严重病例，溶血可使血细胞比容迅速下降。

五、毒蛇分布

中国的毒蛇有四十余种，多分布于长江以南的广大省份。蛇毒按其性质可分为：神经毒、血循毒、混合毒三大类。

金环蛇、银环蛇、海蛇等主要含神经毒。蝰蛇、尖吻腹、竹叶青等主要含血循毒。眼镜蛇、眼镜王蛇、腹蛇等主要含混合毒。

如今喜欢野外活动的人越来越多了，但对野外危险，特别是动植物造成的危险往往估计不足，这些危险，尤以毒蛇最具代表性。

每个野外活动的人正确且全面地认识毒蛇和了解蛇伤防治非常必要。

六、如何预防

取少量雄黄烧烟，以熏衣服、裤子和鞋袜；

将"雄黄蒜泥丸"藏于衣裤口袋中。（蛇嗅觉灵敏，喜腥味而恶芳香气味，身上带有芳香浓郁气味的药物可以驱蛇。）

在行进途中可用登山杖、树棍不断打击地面、草丛、树干，所谓打草惊蛇，以利于虫蛇回避。（蛇对于从地面传来的震动很敏感，但听觉十分迟钝，不能接受空气传导来的声波，高声说话对驱蛇无效。）

穿上高腰鞋、长裤，必要时绑紧裤脚；进入丛林时，头戴斗笠或草帽。

蛇粪有股特殊的腥臭味，如果嗅到特殊的腥臭味，要注意附近可能有蛇。

蛇的视力很微弱，只能对较近的物体看得清楚，1米以外的物体很难看见；视觉不敏锐，对于静止的物体更是视而不见，只能辨认距离很近的活动的物体。遇到毒蛇后保持静止。

遇到毒蛇追人，千万不要沿直线逃跑，可采取"之"字形路线跑开，蛇的肺活量较小，爬行一段路程后，就会觉得力不从心；也可以站在原地不动，面向着毒蛇，注视它的来势，向左右躲避。蛇的椎体活动受到一定角度的限制，不能转折掉头，设法躲到蛇

的后面。可能的情况下，用登山杖或木棍向毒蛇头部猛击。

遇到毒蛇见灯（火）光追来，迅速熄灭头灯、电筒，将火把扔掉。

如果有雄黄水，可以向蛇身喷洒，蛇就发软乏力，行动缓慢。

七、咬伤之后的急救

1. 结扎

被咬伤后，立即令患者消除恐惧心理，保持安静。停止伤肢的活动，将伤肢置于最低位置，及时（争取在 2~3 分钟内）用橡皮带或草绳、布条、藤类等在伤口上方（近心端）约 10 厘米或距离伤口上一个关节的相应部位进行结扎。结扎的程度要求仅能阻断淋巴、静脉血的回流，又不妨碍动脉血的供应。结扎后每 30 分钟松解 1 次，每次松 2~3 分钟，以免影响血液不能循环造成组织坏死。一般在服用有效蛇药 3 小时后，或注射结晶胰蛋白酶或抗蛇毒血清后，即可将结扎解除。如被咬伤时间超过 12 小时者，也可以不结扎。

2. 冲洗

结扎后可用自来水、河水、井水、肥皂水，最好能用 1/5000 高锰酸钾溶液或双氧水冲洗伤口周围的皮肤。目的是将粘附在伤口周围的毒液破坏及冲洗掉，从而达到减轻蛇毒中毒的目的。

3. 快速诊断

未看见蛇时，要注意排除蜈蚣、蝎子和黄蜂等咬伤或螫伤的可能。

被毒蛇咬伤的伤口，局部常见到两个明显的毒牙痕，如被连续咬两口，可见到 4 个牙痕，有时也可见到 1~3 个毒牙痕。在毒牙痕的近旁有时可见 2 个小牙痕，也可能出现 1~3 个小牙痕。并有局部及全身中毒表现。

系非毒蛇咬伤，伤口有四行或二行锯齿状浅表而细小的牙痕；局部仅出现轻微的疼痛或有少许出血，但很快会自然消失，无全身中毒症状。

4. 切开、冲洗、挤压排毒

局部消毒后，将可能断留在伤口内的毒牙清除，然后利用利器（如小刀等）沿牙痕作"一"字形纵切口或十字形切开，长约1～1.5厘米，其深度以达到皮肤下为止，要避开静脉。亦可配合用拔火罐等负压方法吸毒（可用蛇毒排空器），再用1/5000高锰酸钾溶液或5%依地酸钠、双氧水等，边冲洗边从伤肢的近心端向伤口方向及周围反复轻柔挤压，促使毒液从伤口排出体外。冲洗及挤压排毒须持续20～30分钟，冲洗后，伤口处要用七层消毒纱布覆盖，进行湿润，并将伤肢继续置于低位，有利于毒液继续流出。

周围实在没有水，可用人尿代替，但不可用酒精或酒冲洗伤口。

但如遇五步蛇、蝰蛇咬伤或咬伤后继续流血者一般不宜切开伤口，以防止出血不止。

5. 烧灼伤口，破坏蛇毒

切开、冲洗后，每次用火柴6～8枚，放于伤口处，反复烧灼2～3次。当蛇毒遇到高热，即发生凝固而遭到破坏，使其失去毒性作用。在野外被毒蛇咬伤或急救条件较困难的情况下，也可单独用火烧伤口进行急救。

6. 局部冰敷

用冰块、冷泉水或井水泡浸伤肢，从而可减慢蛇毒的吸收。

7. 局部注射结晶胰蛋白酶或高锰酸钾液

用注射结晶胰蛋白酶2000～4000单位，加0.25%～0.5%普鲁卡因10～60毫升（蛇咬伤急救盒），作伤口局部浸润注射，还

可在伤口上方或肿胀上做环状封闭，必要时可以重复注射。或先用0.25%～0.5%普鲁卡因20～40毫升作局部封闭，然后用0.5%高锰酸钾液5～10毫升作伤口局部注射。注意：高锰酸钾对组织有强烈的损害作用，注射后可引起剧烈疼痛，不宜多用；高锰酸钾不能与普鲁卡因混合使用。

8. 中药治疗

将"雄黄蒜泥丸"用唾液调成膏涂咬伤处；

将"雄黄煤子"，点火烟熏被咬处，直到流出紫黑液，以液尽为度。

9. 如果因蛇伤引起中毒性休克、呼吸衰竭

要采用红十字会培训学的心肺复苏术，维持呼吸道通畅，并进行人工呼吸和胸外心脏按压。

处理后，应立即就近到医院注射相应血清。

第四节　蜂毒

一、蜂毒概述

蜂毒是工蜂毒腺和副腺分泌出的具有芳香气味的一种透明液体，贮存在毒囊中，垫刺时由螫针排出。它是一种透明液体，具有特殊的芳香气味，味苦、呈酸性反应，pH为5.0～5.5，比重为1.1313。在常温下很快就挥发干燥至原来液体重量的30%～40%，这种挥发物的成分至少含有12种以上的可用气相分析鉴定的成分，包括以乙酸异戊酯为主的报警激素，由于它在采集和精制过程中极易散失，因而通常在述及蜂毒的化学成分时被忽略。

蜂毒极易溶于水、甘油和酸，不溶于酒精。在严格密封的条件下，即使在常温下，也能保存蜂毒的活性数年不变。人工要集蜂毒，目前多采用电刺激蜜蜂取毒法，它靠电取蜂毒器来完成。蜂毒是一种成分复杂的混合物，它除了含有大量水分外，还含有苦干种蛋白质多肽类、酶类、组织胺、酸类、氨基酸及微量元素等。在多肽类物质中，蜂毒肽约占干蜂毒的50%，蜂毒神经肽占干蜂毒的3%。蜂毒中的酶类多达55种以上，磷脂酶 A 揽 &127；2 撬含量占干蜂毒的12%，透明质酸酶含量约占干蜂毒的2%～3%。

二、蜂毒的症状

人体受蜂蛰后在受蛰部位立即出现肿胀、充血，皮肤温度升高2℃～6℃，有烧灼感。这只是蜂毒局部产生作用，一旦蜂毒被吸收后还会引起一系列复杂的生物学变化。

蜂毒及其组分蜂毒肽、托肽平和蜂毒明肽等具有明显的亲神经性。全蜂毒及蜂毒肽对烟碱型胆碱受体有选择性阻滞作用。蜂毒明肽可透过血脑屏障直接作用于中枢神经系统。蜂毒具有神经节的阻断作用。

蜂毒对呼吸系统的心血管系统有显著的影响。被蜂蛰的人有呼吸加快的现象，一般认为这是血压降低引起反射性的反应。大量的蜂毒可使人或动物大脑呼吸中枢麻痹而导致死亡。

蜂毒的溶血作用很强，在极低的浓度（1/10000）下，就能产生溶血作用。其机制是蜂毒中的蜂毒肽和磷酯酶 A 揽 2 撬能增强血红细胞壁的浸透能力，导致细胞内的胶体大量渗出，细胞内渗透压降低，致使细胞裂角产 quot；胶体渗出性溶血。蜂毒在体内或体外都有抗凝血的作用，使血液凝固时间明显延长。

大多数人会对蜂毒产生免疫力。常受蜂蛰的蜂农一旦产生免疫力，即使同时遭受数百只蜂蛰也不会发生任何中毒症状。

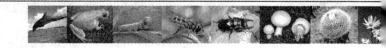

三、临床应用

用蜂毒治病是一种民间疗法，由来以久。原始方法是捕捉蜜蜂直接螫刺皮肤表面，俟其毒囊中的毒液排出后（约3～5分钟），再拔除螫刺。此法的手续繁复，且局部有剧烈的疼痛，须预先用普鲁卡因行局部浸润麻醉。近代的蜂毒疗法系采用预先制备的蜂毒水剂或油剂，行皮内注射。皮内注射以200蜂毒为一疗程，开始以1蜂毒（约0.1ml量）作皮内注射、如无不良反应，可隔日递增1蜂毒，直至1次注射10蜂毒，然后根据病人情况应用维持剂量，每次3～6蜂毒，隔日1次，至总量达200蜂毒为止，全程约需3个月。注射部位可采用两侧上臂或大腿背面皮肤，轮替注射；或按不同病患部位，在痛点周围进行注射；也可参照经穴原则，行穴位注射。曾用于治疗风湿性关节炎、类风湿性关节炎、支气管哮喘、结节性红斑、风湿热、风湿性心脏病、荨麻疹、血管神经性水肿、过敏性鼻炎、痛风、美尼尔氏综合症、坐骨神经痛、甲状腺机能亢进、神经官能症、腰骶神经根炎、虹膜睫状体炎、感觉神经失调，原因不明的关节痛等100余例，均有不同程度的疗效。例如风湿性关节炎94例，明显进步者23例；类风湿性关节炎29例，明显进步6例；支气管哮喘13例，明显进步6例。副作用：注射后数分钟或数十分钟出现全身风疹块，或头昏、恶心、脉速、体温升高等，安静休息数十分钟或数小时多可恢复；局部反应有红肿、瘙痒、疼痛，红斑直径在1～10cm内者不须特殊处理，约1～3天能自行消退，如直径超过10cm者，即不宜再行蜂毒治疗。

四、被蜜蜂螫伤急救措施

（1）被蜂螫伤后，其毒针会留在皮肤内，必须用消毒针将叮

青少年应该知道的生物知识

在肉内的断刺剔出，然后用力掐住被蜇伤的部分，用嘴反复吸吮，以吸出毒素。如果身边暂时没有药物，可用肥皂水充分洗患处，然后再涂些食醋或柠檬。

（2）万一发生休克，在通知急救中心或去医院的途中，要注意保持呼吸畅通，并进行人工呼吸、心脏按摩等急救处理。

（3）黄蜂蜇后，用食醋敷或用鲜马齿苋汁涂于伤口。用南通蛇药（季德胜蛇药）以温水溶后涂伤口周围。

（4）用紫花地丁、七叶一枝花、鲜蒲公英、半边莲捣烂外敷，效果也好。

（5）过敏者口服扑尔敏 4mg，或非那根 25mg，3 次/日。重者可肌肉注射肾上腺素 0.5～1mg，或麻黄碱 30mg，或地塞米松 5～10mg。

（6）摘一朵身边的花碾碎敷在上面。

如果比较严重需到医院处理。

第五节　蜘蛛毒

一、蜘蛛毒的药用

蜘蛛的药用价值较高，我国历代医书如《本草经集注》、《唐本草》、《本草纲目》记载蜘蛛以全虫、蜘蛛蜕壳及蜘蛛网入药，主治祛风、痔疮、毒蛇咬伤、口噤、中风口眼歪斜、半身不遂、小儿惊风、脑溢血、癫痫等。在医学方面，蜘蛛的应用范围在不断的扩大，蜘蛛毒注射液、蜘蛛丸、纯蛛粉、腋臭灵、脑力再造丸、增微三号、增微五号等应用于临床的已达 200 多种。在美国

一支谷氨酸脂蛛毒对抗剂售价高达 1300 美元。我国自己研制的国家一类新药虎纹镇痛肽其主要成份是蜘蛛毒，对于癌症和手术后疼痛病人是一种很有前景的多效低毒、高效、不成瘾、用于各种顽固性疼痛的非吗啡类新型镇痛药。由于其作用机制不同于吗啡，因而没有吗啡类镇痛药的成隐性等毒附作用。蜘蛛毒 200 吗啡

二、中了蜘蛛毒怎么办

被一般的蜘蛛咬伤，只有伤口局部轻微的疼痛，不会发生严重的不良反应。但是如果被红斑蛛咬伤却非同小可。红斑蛛，又叫黑寡妇，属节肢动物、蛛形纲、蜘蛛目、珠腹蛛科。因其第一对附肢上端部尖细的部位有螯牙，当其咬人时，能把人的皮肤刺伤，然后将毒腺中所分泌的毒液通过螯牙注入伤口，使人发生中毒。中毒表现为局部肿胀、苍白、皮疹、疼痛及肌肉痉挛。全身反应有精神不振、全身乏力、头晕、头痛、流涎、恶心、呕吐、畏寒、发热、盗汗、手足痉挛、紫绀、血压增高等症状，严重者呼吸困难。腹部、腰部或背部肌肉僵直，极度烦躁不安，反射迟钝、瞳孔缩小或谵妄、神志不清、休克，甚至死亡。急救措施是：

1. 伤口局部处理

被红蜘蛛咬伤后，在伤口上方可绷止血带，每 15～30 分钟松开 1 次，约 2～3 分钟再绷上。若为躯体部位被咬伤，可用 0.5% 普鲁卡因作环形封闭。同时要扩大伤口（与毒蛇咬伤同），抽吸毒液，然后用石炭酸烧灼；伤口周围可用南通蛇药或草药半边莲敷贴。

2. 全身治疗

静脉滴注葡萄糖盐水，可加速毒物的排泄。注射前应静脉推注 10% 葡萄糖酸钙 10 毫升，同时还可进行对症治疗，如镇痛、镇静、缓解肌肉痉挛等。

青少年应该知道的生物知识

3. 中药治疗

《万病回春记》载："蜘蛛咬成疮，用雄黄 3 克，麝香少许、青黛 1.5 克，水调或涂患处立愈。

第六节　蜈蚣毒

一、蜈蚣毒的概述

是蜈蚣螫伤人畜时所释放的一种毒素。

其毒素成分不详。在螫伤局部可致红肿、灼痛；同时产生淋巴管炎；但全身反应较轻，可出现畏寒、发热、头痛、恶心、呕吐、脉搏增快、谵语及抽搐等。儿童被螫伤后，有可能危及生命。

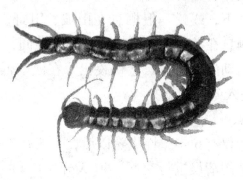

二、蜈蚣

蜈蚣属于多足纲，第一对脚呈钩状，锐利，钩端有毒腺口，一般称为腭牙、牙爪或毒肢等，能排出毒汁，被蜈蚣咬伤后，其毒腺分泌出大量毒液，顺腭牙的毒腺口注入被咬者皮下而致中毒。小蜈蚣咬伤，仅在局部发生红肿、疼痛，热带型大蜈蚣咬伤，可

致淋巴管炎和组织坏死，有时整个肢体出现紫癜。有的可见头痛、发热、眩晕、恶心、呕吐，甚至谵语、抽搐、昏迷等全身症状。

三、应急处理

蜈蚣咬伤后立即用肥皂水清洗伤口，局部应用冷湿敷伤口，亦可用鱼腥草、蒲公英捣烂外敷或用新鲜桑叶、蒲公英叶或洋葱捣烂，涂擦或外敷。有全身症状者直速到医院治。

在伤肢上端 2～3 厘米处，用布带扎紧，每 15 分钟放松 1～2 分钟，伤口周围可用冰敷，切开伤处皮肤，用抽吸器或拔火罐等吸出毒液，并选用高锰酸钾液、石灰水冲洗伤口。症状较重者应到医院治疗。

四、饲养蜈蚣

1. 生活习性

在自然条件下，蜈蚣一般栖息在山坡、田野、路边或杂草丛生的地方，或栖息在井沿、柴堆以及砖瓦缝隙间，特别喜欢阴湿、陈旧的地面。活动的基本特点昼伏夜出。在温度低于 10℃ 时便停食，零下 7℃ 进入冬眠期。

2. 繁殖特点

蜈蚣的寿命仅有 6 年，性成熟以后，一般在 3～5 月份和 7～8 月份的雨后初晴的清晨进行交配，40 天开始产卵，雌蜈蚣把受精卵产生在自己的背上，以便及时孵化。每只雌蜈蚣一次排卵达 2～3 小时，每次产卵 80～150 粒。卵表面富有粘液，卵粒互相粘在一起成卵块。孵化期间雌蜈蚣不吃不喝，直到孵化出幼蜈蚣。

3. 饲料

蜈蚣是典型的肉食动物，食性广杂，特别喜食各种昆虫，如黄粉虫、蟋蟀、金龟子、白蚁、蝉、蜻蜓、蜘蛛、蝇、蜂以及它

青少年应该知道的生物知识

们的卵、蛹、幼体等，同时还吃里虫、蚯蚓、蜗牛及各种畜禽和水产动物的肉、内脏、血、软骨等，也吃水果皮、土豆、胡萝卜、嫩菜等，牛奶、面包等作蜈蚣的食物。

4. 养殖池建造

人工养殖蜈蚣可采用缸、池等方式，采用缸养，用破旧瓦缸或陶瓷缸，最好直径在0.5米以上，口朝下埋入土中20厘米左右，将外边的土拍实。缸内中间用砖或土坯垒起来，比缸面低10厘米左右，坯与缸壁间留有一定空隙。如果用完整无缺的缸，不要打掉底部，直接在缸中垒土坯即可。一个直径80厘米的缸可放成年蜈蚣200只左右。

采用池养时，养殖池要建在向阳通风、排水方便、阴湿、僻静的地方。可建在室内，也可建在室外。用砖或石块等砌成，水泥抹面，池高80厘米，养殖池面积大小随意，一般在5~10平方米为宜。池口四周内侧粘贴光滑无损的塑料薄膜，或用玻璃片镶成一圈15厘米左右宽、与池壁成直角的内檐。每平方米养殖池可投放成年蜈蚣500~900只。

5. 管理要点

（1）要防止蜈蚣逃跑，蜈蚣性急，如果防范措施不到位，蜈蚣很容易逃跑。

（2）注意饲养密度，必须按蜈蚣的体长和体大的变化而分群、分池饲养。

（3）做好温度、湿度、光线管理，保持环境安静。

（4）所投饲料保持清洁卫生，沾有农药的食饵不能投喂。

（5）经常观察，防止蜈蚣天敌进入养殖池内。

（6）防止食物、泥土的霉变。

（7）及时剔除有病的蜈蚣。

第七节　黄曲霉毒素

一、概述

1993 年黄曲霉毒素被世界卫生组织（WHO）的癌症研究机构划定为 1 类致癌物，是一种毒性极强的剧毒物质。黄曲霉毒素的危害性在于对人及动物肝脏组织有破坏作用，严重时，可导致肝癌甚至死亡。在天然污染的食品中以黄曲霉毒素 B1 最为多见，其毒性和致癌性也最强。

黄曲霉毒素（AFT）是一类化学结构类似的化合物，均为二氢呋喃香豆素的衍生物。黄曲霉毒素是主要由黄曲霉（aspergillus flavus）寄生曲霉（a. parasiticus）产生的次生代谢产物，在湿热地区食品和饲料中出现黄曲霉毒素的机率最高。B1 是最危险的致癌物，经常在玉米，花生，棉花种子，一些干果中常能检测到。它们在紫外线照射下能产生荧光，根据荧光颜色不同，将其分为 B 族和 G 族两大类及其衍生物。AFT 目前已发现 20 余种。AFT 主要污染粮油食品、动植物食品等；如花生、玉米，大米、小麦、豆类、坚果类、肉类、乳及乳制品、水产品等均有黄曲霉毒素污染。其中以花生和玉米污染最严重。家庭自制发酵食品也能检出黄曲霉毒素，尤其是高温高湿地区的粮油及制品种捡出率更高。

二、主要来源

黄曲霉毒素是黄曲霉、寄生曲霉等产生的代谢产物。当粮食未能及时晒干及储藏不当时，往往容易被黄曲霉或寄生曲霉污染而产生此类毒素。

黄曲霉毒素存在于土壤，动植物，各种坚果，特别是花生和核桃中。在大豆，稻谷，玉米，通心粉，调味品，牛奶，奶制品，食用油等制品中也经常发现黄曲霉毒素。一般在热带和亚热带地区，食品中黄曲霉毒素的检出率比较高，在我国，产生黄曲霉毒素的产毒菌种主要为黄曲霉，1980年测定了从17个省粮食中分离的黄曲霉1660株，广西地区的产毒黄曲霉最多，检出率为58%。总的分布情况为：华中，华南，华北产毒株多，产毒量也大，东北，西北地区较少。

三、对人畜的危害

黄曲霉毒素对人和动物健康的危害均与黄曲霉毒素抑制蛋白质的合成有关。黄曲霉毒素分子中的双呋喃环结构，是产生毒性的重要结构。研究表明，黄曲霉毒素的细胞毒作用，是干扰信息RNA和DNA的合成，进而干扰细胞蛋白质的合成，导致动物全身性损害（Nibbelink，1988）。黄光琪等（1993）研究指出，黄曲霉毒素B1能与tRNA结合形成加成物，黄曲霉毒素—tRNA加成物能抑制tRNA与某些氨基酸结合的活性，对蛋白质生物合成中的必需氨基酸，如赖氨酸，亮氨酸，精氨酸和甘氨酸与tRNA的结合，均有不同的抑制作用，从而在翻译水平上干扰了蛋白质生物合成，影响细胞代谢。

1. 黄曲霉毒素与动物疾病

黄曲霉毒素中毒（Aflatoxicosis）主要对动物肝脏的伤害，受伤害的个体因动物种类，年龄，性别和营养状态而异。研究结果表明，黄曲霉毒素可导致肝功能下降，降低牛奶产量和产蛋率。并使动物的免疫力降低，易受有害微生物的感染。此外，长期食用含低浓度黄曲霉毒素的饲料也可导致胚胎内中毒。通常年幼的

动物对黄曲霉毒素更敏感。黄曲霉毒素的临床表现为消化系统功能紊乱，降低生育能力。降低饲料利用率，贫血等。黄曲霉毒素不仅能够使奶牛的产奶量下降，而且还使牛奶中含有转型的黄曲霉毒素 M1 和 M2。

2. 黄曲霉毒素与人类的健康

人类健康受黄曲霉毒素的危害主要是由于人们食用被黄曲霉毒素污染的食物。对于这一污染的预防是非常困难的，其原因是由于真菌在食物或食品原料中的存在是很普遍的。国家卫生部门禁止企业使用被严重污染的粮食进行食品加工生产，并制定相关的标准监督企业执行。但对于含黄曲霉毒素浓度较低的粮食和食品无法进行控制。在发展中国家，食用被黄曲霉毒素污染的食物与癌症的发病率呈正相关性。亚洲和非洲的疾病研究机构的研究工作表明，食物中黄曲霉毒素与肝细胞癌变（Liver Cell Cancer, LCC）呈正相关性。长时间食用含低浓度黄曲霉毒素的食物被认为是导致肝癌，胃癌，肠癌等疾病的主要原因。1988 年国际肿瘤研究机构（International Agency for Research on Cancer, IARC）将黄曲霉毒素 B1 列为人类致癌物。除此以外，黄曲霉毒素与其它致病因素（如肝炎病毒）等对人类疾病的诱发具有叠加效应。

黄曲霉毒素引起人的中毒主要是损害肝脏，发生肝炎，肝硬化，肝坏死等。临床表现有胃部不适，食欲减退，恶心，呕吐，腹胀及肝区触痛等；严重者出现水肿，昏迷，以至抽搐而死。黄曲霉毒素是目前发现的最强的致癌物质。其致癌力是奶油黄的 900 倍，比二甲基亚硝胺诱发肝癌的能力大 75 倍，比 3，4 苯并芘大 4000 倍。它主要诱使动物发生肝癌，也能诱发胃癌，肾癌，直肠癌及乳腺，卵巢，小肠等部位的癌症。

青少年应该知道的生物知识

四、黄曲霉毒素中毒表现

幼禽多为急性中毒，没有明显的临床症状而突然死亡。病程稍长的食欲消失、鸣叫，有明显黄疸，死亡率可达100%。慢性中毒可见消瘦、贫血、衰弱，病程长的发展为肝硬化及肝癌。

家禽中以鸭雏和火鸡对黄曲霉毒素最为敏感，中毒多取急性经过。多数病雏鸭食欲丧失，步态不稳，共济失调，颈肌痉挛，以呈现角弓反张症状而死亡。火鸡多为2~4周龄的发病死亡，8周龄以上的火鸡对黄曲霉毒素有一定的抗性。小火鸡发病后，表现嗜睡、食欲减退、体重减轻、羽翼下垂，脱毛、腹泻、颈肌痉挛和角弓反张。病雏鸡的症状基本上与鸭雏和小火鸡的相似，但鸡冠淡染或苍白，腹泻的稀粪便多混有血液。成年鸡多呈慢性中毒症状，主要呈现恶病质，降低对沙门氏杆菌等致病性微生物的抵抗力，使母鸡引起脂肪肝综合征，产蛋率和孵化率有所降低。

血液检验，病禽血清蛋白质组分都较正常值为低，表现出重度的低蛋白血症；红细胞数量明显减少，白细胞总数增多，凝血时间延长。急性病例的谷—草转氨酶、瓜氨酸转移酶和凝血酶原活性升高；亚急性和慢性型的病例，异柠檬酸脱氢酶和碱性磷酸酶活性也明显升高

五、防治

目前尚无治疗本病的特效药物。主要在于预防，预防中毒的根本措施是不喂发霉饲料，对饲料定期作黄曲霉毒素测定，淘汰超标饲料。现时生产实践中不能完全达到这种要求，搞好预防的关键是防霉与去毒工作，防霉和去毒两个环节应以防霉为主。

防霉的根本措施是破坏霉败的条件，主要是水分和温度。粮食作物收割后，防遭雨淋，要及时运到场上散开通风、晾晒，使

之尽快干燥，水分含量达到谷粒为13%，玉米为12.5%，花生仁为8%以下。为防止粮食和精饲料在贮存过程中霉变，可试用化学熏蒸法，如选用氯化苦、溴甲烷、二氯乙烷、环氧乙烷等熏蒸剂；也可选用制霉菌素、马匹菌素等防霉抗生素。

已被黄曲霉毒素污染的玉米、花生饼等谷物饲料，国内外曾采用过以下几种去除黄曲霉毒素方法：①挑选霉粒或霉团去毒法；②碾轧加水搓洗或冲洗法，碾去含毒素较集中的谷皮和胚部，碾后加3~4倍清水漂洗，使较轻的霉坏部分谷皮和胚部上浮起随水倾出；③用石灰水浸泡或碱煮、漂白粉、氯气和过氧乙酸处理等方法解毒；④生物学解毒法，利用微生物（如无根根霉、米根霉、橙色黄杆菌等）的生物转化作用，可使黄曲霉毒素解毒，转变成毒性低的物质；⑤辐射处理法；⑥白陶土吸附法；⑦氨气处理法，在18kg氨压，72℃~82℃时，谷物和饲料中黄曲霉毒素98%~100%被除去，并且使日粮中含氮量增高，也不破坏赖氨酸。

青少年应该知道的生物知识

第五章 生活保健小知识

第一节 吃鸡蛋的10个误区

一、蛋壳颜色越深，营养价值越高

许多人买鸡蛋只挑红壳的，说是红壳蛋营养价值高，而事实并非如此。蛋壳的颜色主要是由一种叫"卵壳卟啉"的物质决定的，而这种物质并无营养价值。分析表明，鸡蛋的营养价值高低取决于鸡的饮食营养结构。

评价蛋白的品质，主要是蛋白（蛋清）中蛋白质的含量。从感官上看，蛋清越浓稠，表明蛋白质含量越高，蛋白的品质越好。

蛋黄的颜色有深有浅，从淡黄色至橙黄色都有。蛋黄颜色与其含有的色素有关。蛋黄中主要的色素有叶黄素、玉米黄质、黄体素、胡萝卜素及核黄素等。蛋黄颜色深浅通常仅表明色素含量

的多寡。有些色素如叶黄素、胡萝卜素等可在体内转变成维生素A，因此，正常情况下，蛋黄颜色较深的鸡蛋营养稍好一些。

二、鸡蛋怎么吃营养都一样

鸡蛋吃法是多种多样的，有煮、蒸、炸、炒等。就鸡蛋营养的吸收和消化率来讲，煮、蒸蛋为100%，嫩炸为98%，炒蛋为97%，荷包蛋为92.5%，老炸为81.1%，生吃为30%～50%。由此看来，煮、蒸鸡蛋应是最佳的吃法。

三、炒鸡蛋放味精味道会更好

鸡蛋本身就含有大量的谷氨酸与一定量的氯化，钠，加热后这两种物质会生成一种新物——谷氨酸钠，它就是味精的主要成分，有很纯正的鲜味。如果在炒鸡蛋时放味精，味精分解产生的鲜味就会破坏鸡蛋本身的自然鲜味。因此，炒鸡蛋时不宜放味精。

四、煮鸡蛋时间越长越好

为防鸡蛋在烧煮中蛋壳爆裂，将鸡蛋洗净后，放在盛水的锅内浸泡1分钟，用小火烧开。开后改用文火煮8分钟即可。切忌烧煮时间过长，否则，蛋黄中的亚铁离子会与硫离子产生化学反应，形成硫化亚铁的褐色沉淀，妨碍人体对铁的吸收。

鸡蛋煮的时间过长，蛋黄中的亚铁离子与蛋白中的硫离子化合生成难溶的硫化亚铁，很难被吸收。油煎鸡蛋过老，边缘会被烤焦，鸡蛋清所含的高分子蛋白质会变成低分子氨基酸，这种氨基酸在高温下常可形成对人体健康不利的化学物质。

五、鸡蛋与豆浆同食营养高

早上喝豆浆的时候吃个鸡蛋，或是把鸡蛋打在豆浆里煮，是许多人的饮食习惯。豆浆性味甘平，含植物蛋白、脂肪、碳水化合物、维生素、矿物质等很多营养成分，单独饮用有很好的滋补作用。但其中有一种特殊物质叫胰蛋白酶，与蛋清中的卵清蛋白相结合，会造成营养成分的损失，降低二者的营养价值。

六、"功能鸡蛋"比普通鸡蛋好

随着科学技术的发展。富含锌、碘、硒、钙的各种"功能鸡蛋"问世。其实，并非所有的人都适合食功能鸡蛋。因为并不是每个人都缺功能鸡蛋中所含的营养素。因此，消费者在选择功能鸡蛋时应有针对性，缺什么吃什么，切忌盲目进补。

七、老年人忌吃鸡蛋

由于鸡蛋中含有较高的胆固醇，所以，一直流行着老年人忌食鸡蛋的说法。近年来的科学实验证明，这种说法没有道理。

蛋黄中含有较丰富的卵磷脂，是一种强有力的乳化剂，能使胆固醇和脂肪颗粒变得极细，顺利通过血管壁而被细胞充分利用，从而减少血液中的胆固醇。而且蛋黄中的卵磷脂被消化后可释放出胆碱，进入血液中进而合成乙酰胆碱，是神经递质的主要物质，可提高脑功能，增强记忆力。

八、产妇吃鸡蛋越多越好

产妇在分娩过程中体力消耗大，消化吸收功能减弱，肝脏解毒功能降低，大量食用后会导致肝、肾的负担加重，引起不良后果。食入过多蛋白质，还会在肠道产生大量的氨、酚等化学物质，对人体的毒害很大，容易出现腹部胀闷、头晕目眩、四肢乏力、昏迷等症状，导致"蛋白质中毒综合征"。蛋白质的摄入应根据人体对蛋白质的消化、吸收功能来计算。一般情况下，产妇每天

吃3个左右的鸡蛋就足够了。

九、生鸡蛋更有营养

有人认为，生吃鸡蛋有润肺及滋润嗓音功效。事实上，生吃鸡蛋不仅不卫生，容易引起细菌感染，而且并非更有营养。生鸡蛋里含有抗生物素蛋白，影响食物中生物素的吸收，容易使身体出现食欲不振、全身无力、肌肉疼痛、皮肤发炎、脱眉等"生物素缺乏症"。生鸡蛋的蛋白质结构致密，并含有抗胰蛋白酶，有很大部分不能被人体吸收，只有煮熟后的蛋白质才变得松软，才更有益于人体消化吸收。生鸡蛋中含有卵白素和一种抗生素蛋白，常吃生鸡蛋，其中的卵白素可以使食物中的维生素 B 失去效能，而抗生素蛋白会在人体内积累，积累多了，会妨碍人体对生物素的吸收，而生物素是人体需要的多种维生素之一。人体缺乏生物素，就会食欲不振，精神怠倦，皮肤发炎，脱屑脱毛，体重减轻，影响人的身体健康。

大约10%的鲜蛋里含有致病的沙门氏菌、霉菌或寄生虫卵。如果鸡蛋不新鲜，带菌率就更高。细菌可以从母鸡卵巢直接进入鸡蛋，也可以在下蛋时由肛门里的细菌污染到蛋壳上，再经蛋壳上的气孔进入鸡蛋。这些细菌都怕高温，煮沸8min～10min，鸡蛋内外的细菌就会被杀灭。

另外，生鸡蛋还有特殊的腥味，也会引起中枢神经抑制，使唾液、胃液和肠液等消化液的分泌减少，从而导致食欲不振、消化不良。因此，鸡蛋要经高温煮熟后再吃，不要吃未熟的鸡蛋。

十、鸡蛋与白糖同煮

很多地方有吃糖水荷包蛋的习惯。其实，鸡蛋和白糖同煮，会使鸡蛋蛋白质中的氨基酸形成果糖基赖氨酸的结合物。这种物

青少年应该知道的生物知识

质不易被人体吸收，会对健康产生不良作用。

第二节　碘酒、红汞不能混用

有人以为伤口搽了碘酒又搽红汞，可以双消毒，其实这是不对的。

碘酒含碘，有较强的杀菌作用，可以破坏细菌的原浆蛋白和杀死细菌的芽胞。

红汞是汞和溴的有机化合物，汞离子能沉淀细菌蛋白，具有抑菌杀菌作用。

如果把这两种外用药混合使用，碘酒中的碘和红汞中的汞就会发生化学反应，变成一种毒性大、刺激性强的"碘化汞"，轻则破坏皮肤组织，发生红肿、水泡，重则引起皮肤中毒，导致伤口化脓。

因此，二者不能混合使用。

第三节　冬季护肤宜选五类食物

进入冬季后，随着气温的下降，人体的新陈代谢能力逐渐降低，皮肤会因汗腺、皮肤腺分泌的减少和失去较多的水分而变紧发干。因此冬天的护肤显得极为重要。养生专家表示，除了使用各种护肤产品外，合理饮食其实是最经济和实惠的，花钱不多又能解决问题。

一是宜食富含维生素 A 的食物，比如韭菜、油菜、菠菜、萝卜、南瓜及动物肝脏、虾、蛋黄等。这些食物具有润泽皮肤的功效，可以防止皮肤干涩、粗糙和出现皱纹。

二是宜食富含 B 族维生素的食物，比如动物的肝肾、花生、豆类等。这些食物可平展皱纹，防止脂溢性皮炎、酒渣鼻等皮肤病的发生。

三是宜食富含尼克酸较多的食物，比如瘦肉、鸡蛋、豆类、花生及小白菜、油菜、苋菜等绿叶菜。在日常饮食中，充足的尼克酸供应，可以有效预防癞皮病。

四是宜食富含维生素 C 的食物，比如枣、山楂、橘子、橙子等。饮食中，充足的维生素 C 的供应，可以有效防止皮肤发生的血性紫癜。

五是宜食动物脂肪。吃适量的动物脂肪，既有利于供给人体热量，也可使皮肤保持正常的光泽，并且富有弹性。

青少年应该知道的生物知识

第四节　多吃含有维 C 水果缓解酒后不适

生日、节日聚会时饮酒助兴在所难免，但纵情畅饮之后往往会出现头疼、头晕和恶心等不适症状。同时在饮酒时应尽量避免将低度酒和高度酒混着喝。混饮不仅使人无意中喝得更多，还会刺激消化道，导致消化功能紊乱。

在饮酒的间歇应喝一些水或者非酒精饮料，及时给身体补水。饮酒过度带来的头疼和恶心等不适症状大多是由脱水造成的。此外，新鲜水果和果汁也能减缓酒后不适的症状。

饮酒之后多吃橙子、仙人掌果和佛手柑（枸橼）等水果，这些水果富含维生素 C 和纤维素，能够使消化功能恢复正常，还可帮助排毒。

第五节　经常熬夜应该怎样进行食补

　　保证有质量的睡眠是重点。为了尽快入睡，休息前最好刷牙漱口，保持口腔清洁，用热水泡脚 15 分钟，还可放一曲悦耳的轻音乐；睡前不宜饥肠辘辘，也不宜过饱，可喝一杯牛奶，吃几片面包以利入睡，不要喝茶、咖啡等兴奋性饮料；居室要保持环境安静，空气清新，光线暗淡，并拉下窗帘减少透光度；睡前不要做剧烈活动，不要看情节紧张的小说、电视，使身心全面放松、平静，这样容易进入梦乡。过集体生活的"夜班一族"，上级应当对他们实行特殊照顾，为他们提供专门的补觉环境，保证他们的睡眠时间和质量。

　　增加足够的营养是关键。上夜班后，不少人食欲不振，吃饭不香，时间长了影响营养供给。"夜班族"必须要合理安排饮食，摄取充足的热能，坚持吃午饭、晚饭和夜餐。上班前进食八成饱，下班后切勿饿着肚子睡觉，更不要因贪睡而放弃吃午饭。因夜间劳动一般比日间工作消耗体力大，要想保持精力充沛需补充多营养、易消化、富含水分的食物。要增加蛋白质摄入量，多吃瘦肉、鲜鱼、蛋类、奶类、豆制品，补充人体必需的各种氨基酸；要多吃富含维生素的蔬菜和水果，特别是富含维生素 A 的动物肝脏、蛋黄、鱼子、黄豆、蕃茄、胡萝卜、菠菜、红薯、红辣椒等食物，提高夜班工作者对昏暗光线的适应力，从而防止视疲劳，也可以在医生的指导下适量服用一些复合维生素。另外，为刺激和增进

食欲，饭菜还应品种多样，但夜餐却要准备得清淡、可口一些，切忌太油腻，以免影响睡眠质量。

防寒保暖，预防感冒。一年四季，尤其是冬春季节，昼夜温差较大，特别是清晨下班，室内外温差更大，"夜班族"要及时加衣，注意防寒保暖，因为加班后身体疲劳，免疫力会相对降低，容易发生感冒并因此而诱发其他疾病。

适当参与文体活动。夜班工作者由于白天活动量很小，尤其要注意做一些适当的文体活动，可达到迅速解除或减轻疲劳的目的。尤其是大多数从事脑力劳动或局部体力劳动的人，应加强全身性活动，并多参加轻松愉快的娱乐活动。

保持积极乐观的心态。值夜班的人要性格开朗，尽可能抽时间与家人和朋友交流，争取家人的关心体贴、理解和支持，同时也不要对上夜班产生恐惧心理，人都具有很强的适应能力，相信如能加强自身保健，"夜班族"同样可以享受"带月荷锄归"的美好心境。

"日出而作，日落而息。"这是长期以来人类适应环境的结果。熬夜会损害身体健康。因为，人体肾上腺皮质激素和生长激素都是在夜间睡眠时才分泌的。前者在黎明前分泌，具有促进人体糖类代谢、保障肌肉发育的功能；后者在入睡后方才产生，既促进青少年的生长发育。也能延缓中老年人衰老。故一天中睡眠最佳时间是晚上 10 时到凌晨 6 时。

经常熬夜的人，应采取哪能些自我保健措施呢？一是加强营养，应选择量少质高的蛋白质、脂肪和维生素 B 族食物如牛奶、牛肉、猪肉、鱼类、豆类等，也可吃点干果如核桃、大枣、桂圆、花生等，这样可以起到抗疲劳的功效。二是加强锻炼身体。可根据自己的年龄和兴趣进行锻炼，提高身体素质。熬夜中如感到精力不足或者欲睡，就应做一会儿体操、太极拳或到户外活动一下。

三是调整生理节律。常年熬夜者应根据作息时间表，并不断修改至适应。四是消除思想负担。常熬夜者切忌忧虑和恐惧，应树立信心，在夜晚工作中保持愉快的心情和高昂的情绪。

第六节　熬夜族的饮食保健

夜工作者要供给充足的维生素 A，因维生素 A 可调节视网膜感光物质——视紫的合成，能提高熬夜工作者对昏暗光线的适应力，而防止视觉疲劳。

熬夜工作者劳动强度大，耗能多，应注意优质蛋白质的补充。动物蛋白质最好能达到蛋白质供应总量的一半。因为动物蛋白质含人体必需氨基酸，这对于保证熬夜工作者提高工作效率和身体健康是有好处的。

生活在节奏紧张的现代社会，没有熬过夜的人是幸运的人。熬夜会使身体的正常节律性发生紊乱，对视力、肠胃及睡眠都造成影响。那么，经常熬夜的人应该怎样自我保健呢？

熬夜的人多半是做文字工作或经常操作电脑的人，在昏黄灯光下苦战一夜容易使眼肌疲劳、视力下降。卫生部北京医院营养科的主管营养师李长平大夫告诉记者，维生素 A 及维生素 B 对预防视力减弱有一定效果，维生素 A 可调节视网膜感光物质——视紫的合成，能提高熬夜工作者对昏暗光线的适应力，防止视觉疲劳。所以要多吃胡萝卜、韭菜、鳗鱼等富含维生素 A 的食物，以及富含维生素 B 的瘦肉、鱼肉、猪肝等动物性食品。

第七节　长期上网久坐少运动会伤心脑损骨肉

现代社会，由于互联网的普及，人们习惯于在办公室办公，在家里上网，整天呆在室内、久坐少动的人越来越多，结果也带来一系列的健康问题。研究表明，长期久坐不动的人，很容易对身体造成如下伤害：

一、久坐伤"心"

由于久坐不动，血液循环减缓，日久会使心脏机能衰退，引起心肌萎缩。尤其是患有动脉硬化等症的中老年人，久坐血液循环迟缓最容易诱发心肌梗塞和脑血栓形成。此外，久坐不动的人，大多缺乏社交活动，长期下去，人的基本社交技能也退化。如果与社会脱离时间太久，有的人还会出现严重的自闭症和抑郁症等。

二、久坐损脑

久坐不动，血液循环减缓，则会导致大脑供血不足，表现为体倦神疲，精神萎靡，哈欠连天。若突然站起，还会出现头晕眼花等症状。久坐思虑耗血伤阴，老年人则会导致记忆力下降，注意力不集中。若阴虚心火内生，还会引发五心烦热，以及牙痛、咽干、耳鸣、便秘等症。

三、久坐损骨

久坐颈肩腰背持续保持固定姿势，椎间盘和棘间韧带长时间处于一种紧张僵持状态，就会导致颈肩腰背僵硬酸胀疼痛，或俯

青少年应该知道的生物知识

仰转身困难。特别是坐姿不当（如脊柱持续向前弯曲），还易引发驼背和骨质增生。久坐还会使骨盆和骶髂关节长时间负重，影响腹部和下肢血液循环，从而诱发便秘、痔疮，出现下肢麻木，引发下肢静脉曲张等症状。

四、久坐伤"肉"

祖国医学早就认识到"久坐伤肉"。久坐不动，气血不畅，缺少运动会使肌肉松弛，弹性降低，出现下肢浮肿，倦怠乏力，重则会使肌肉僵硬，感到疼痛麻木，引发肌肉萎缩。

你也许是个网虫或电脑迷或你不得不长时间坐在电脑跟前，那么你有必要谨遵以下"七大注意"。

1. 注意养成良好的卫生习惯

电脑操作者不宜一边操作电脑一边吃东西，也不宜在操作室内就餐，否则易造成消化不良或胃炎。电脑键盘接触者较多，工作完毕应洗手以防传染病。

2. 注意保持皮肤清洁

应经常保持脸部和手的皮肤清洁，因为电脑荧光屏表面存在着大量静电，其集聚的灰尘可转射到脸部和手的皮肤裸露处，时间久了，易发生难看的斑疹、色素沉着，严重者甚至会引起皮肤病变等。

3. 注意补充营养

电脑操作者在荧光屏前工作时间过长，视网膜上的视紫红质会被消耗掉，而视紫红质主要由维生素 A 合成。因此，电脑操作者应多吃些胡萝卜、白菜、豆芽、豆腐、红枣、橘子以及牛奶、鸡蛋、动物肝脏、瘦肉等食物，以补充人体内维生素 A 和蛋白质。平时可多饮些茶，因为茶叶中含有茶多酚等活性物质，有吸收与抵抗放射性物质的作用。

4. 注意正确的姿势

操作时坐资应正确舒适。应将电脑屏幕中心位置安装在与操作者胸部同一水平线上，眼睛与屏幕的距离应在40～50厘米，最好使用可以调节高低的椅子。在操作过程中，应经常眨眨眼睛或闭目休息一会儿，以调节和改善视力，预防视力减退。

5. 注意工作环境

电脑室内光线要适宜，不可过亮或过暗，避免光线直接照射在荧光屏上而产生干扰光线。定期清除室内的粉尘及微生物，清理卫生时最好用湿布或湿拖把，对空气过滤器进行消毒处理，合理调节风量，变换新鲜空气。

6. 注意劳逸结合

一般来说，电脑操作人员在连续工作1小时后应该休息10分钟左右，并且最好到操作室之外活动活动手脚与躯干等进行积极的休息。很多人抱怨颈椎疼，活动头部会有帮助。

7. 注意保护视力

欲保护好视力，除了定时休息、注意补充含维生素A类丰富的食物之外，最好注意远眺，经常做眼睛保健操，保证充足的睡眠时间。

青少年应该知道的生物知识

第八节　羊肉与什么一起食用
容易致病

经过漫长而炎热的夏季，身体能量消耗大而进食较少，因而在气温渐低的秋天，就有必要调补一下身体，也为寒冬的到来蓄好能量。人们常常会因快节奏的生活而忽视对日常饮食的要求，很多人仅仅满足于单纯的吃饱就好，忽视了营养的合理搭配。一份快餐一瓶纯净水、一个汉堡一杯可乐可能一时骗过我们的肠胃，但这样常常会对健康构成威胁。生活家小编特意为您搜罗了适合这个秋季的各类饮食保健信息，让您和家人都能健康快乐每一天！

一、节令美食

在冬季里，羊肉备受青睐。其性味甘温，含有丰富的脂肪、蛋白质、碳水化合物、无机盐和钙、磷、铁等。羊肉除了营养丰富外，还能防治阳痿、早泄、经少不孕、产后虚羸、腹痛寒疝、胃寒腹痛、纳食不化、肺气虚弱、久咳哮喘等疾病。不过，冬吃羊肉还应有些讲究。

合理搭配防上火羊肉性温热，常吃容易上火。因此，吃羊肉时要搭配凉性和甘平性的蔬菜，能起到清凉、解毒、去火的作用。凉性蔬菜一般有冬瓜、丝瓜、菠菜、白菜、金针菇、蘑菇、茭白、笋等；吃羊肉时最好搭配豆腐，它不仅能补充多种微量元素，其中的石膏还能起到清热泻火、除烦、止渴的作用；而羊肉和萝卜做成一道菜，则能充分发挥萝卜性凉，可消积滞、化痰热的作用。另外，羊肉反半夏、菖蒲，不宜同用。

二、不宜与醋、茶及南瓜同食

《本草纲目》称："羊肉同醋食伤人心"。羊肉大热，醋性甘温，与酒性相近，两物同煮，易生火动血。因此羊肉汤中不宜加醋。羊肉中含有丰富的蛋白质，而茶叶中含有较多的鞣酸，吃完羊肉后马上饮茶，会产生一种叫鞣酸蛋白质的物质，容易引发便秘；若与南瓜同食，易导致黄疸和脚气病。

羊肉好吃应适可而止羊肉甘温大热，过多食用会促使一些病灶发展，加重病情。另外，肝脏有病者，若大量摄入羊肉后，肝脏不能全部有效地完成蛋白质和脂肪的氧化、分解、吸收等代谢

功能，而加重肝脏负担，可导致发病；经常口舌糜烂、眼睛红、口苦、烦躁、咽喉干痛、齿龈肿痛者及腹泻者均不宜多食。

忌用铜器烹饪《本草纲目》记载："羊肉以铜器煮之：男子损阳，女子暴下物；性之异如此，不可不知。"这其中的道理是：铜遇酸或碱并在高热状态下，均可起化学变化而生成铜盐。羊肉为高蛋白食物，以铜器烹煮时，会产生某些有毒物质，危害人体健康，因此不宜用铜锅烹制羊肉。

第九节　触电的急救的相关知识

电击伤俗称触电，是由于电流通过人体所致的损伤。大多数是因人体直接接触电源所致，也有被数千伏以上的高压电或雷电击伤。接触1000伏以上的高压电多出现呼吸停止，200伏以下的低压电易引起心肌纤颤及心搏停止，220～1000伏的电压可致心脏和呼吸中枢同时麻痹。

一、症状

强烈的电流通过人身体中，在一瞬间，人立刻就会暴毙或因休克而昏倒，身体也会有局部灼伤、烧伤、出血、焦黑等现象。烧伤区与周围正常组织界线清楚，有2处以上的创口，1个入口、1个或几个出口。重者创面深及皮下组织、肌腱、肌肉、神经，甚至深达骨骼，呈炭化状态。或全身机能障碍，如休克、呼吸心跳停止。

二、致死原因

是由于电流引起脑（延髓的呼吸中枢）的高度抑制，心肌的抑制，心室纤维性颤动。触电后的损伤与电压、电流以及导体接触体表的情况有关。电压高、电流强、电阻小、体表潮湿，易致死；如果电流仅从一侧肢体或体表付导入地，或体干燥、电阻大，可能引起烧伤而未必死亡。

三、处理

（1）切断电源并确定伤者已绝缘。无法关断电源时，可以用木棒、板等将电线挑离触电者身体。救援者最好戴上橡皮手套，穿橡胶运动鞋等。切忌用手去拉触电者，不能因救人心切而忘了自身安全。

（2）若伤者神志清醒，呼吸心跳均自主，应让伤者就地平卧，严密观察，暂时不要站立或走动，防止继发休克或心衰。

（3）伤者丧失意识时要立即叫救护车，并尝试唤醒伤者。呼吸停止，心搏存在者，就地平卧解松衣扣，通畅气道，立即口对口人工呼吸，有条件的可气管插管，加压氧气人工呼吸。

心搏停止，呼吸存在者，应立即作胸外心脏按压。

呼吸心跳均停止者，则应在人工呼吸的同时施行胸外心脏按压，以建立呼吸和循环，恢复全身器官的氧供应。现场抢救最好能两人分别施行口对口人工呼吸及胸外心脏按压，以 1∶5 的比例进行，即人工呼吸 1 次，心脏按压 5 次。如现场抢救仅有 1 人，用 15∶2 的比例进行胸外心脏按压和人工呼吸，即先作胸外心脏按压 15 次，再口对口人工呼吸 2 次，如此交替进行，抢救一定要坚持到底。

处理电击伤时，应注意有无其他损伤。如触电后弹离电源或

自高空跌下，常并发颅脑外伤、血气胸、内脏破裂、四肢和骨盆骨折等。如有外伤、灼伤均需同时处理。

现场抢救中，不要随意移动伤员，若确需移动时，抢救中断时间不应超过30秒。移动伤员或将其送医院，除应使伤员平躺在担架上并在背部垫以平硬阔木板外，应继续抢救，心跳呼吸停止者要继续人工呼吸和胸外心脏按压，在医院医务人员未接替前救治不能中止。

（4）由於触电所造成的灼伤范围大都很小，但症状却都很严重，因此要等到医师来处理。

四、预防

（1）不要用湿的手去触摸电线，或用湿抹布擦拭电视。
（2）电灯的电线不要直接用在钉子上。
（3）在平时无故不要去摸电线，并要严防小孩去摸。
（4）碰到闪电打雷时，要迅速到就近的建筑物内躲避。在野外无处躲避时，要将手表、眼镜等金属物品摘掉，找低洼处伏倒躲避，千万不要在大树下躲避。不要站在高墙上、树木下、电杆旁或天线附近。

直接遭雷击的死亡率是很高的。未被雷直接击中的人，会出现如同触电一样的症状，这时应马上采取心、肺复苏术进行抢救。

第十节　游泳自救的方法

许多人喜欢游泳，因为缺少游泳常识而溺水死亡者时有发生。据有些地区统计，溺水死亡率为意外死亡总数的10%。溺水是由

青少年应该知道的生物知识

于大量的水灌入肺内，或冷水刺激引起喉痉挛，造成窒息或缺氧，若抢救不及时，4～6分钟内即可死亡。必须争分夺秒地进行现场急救，切不可急于送医院而失去宝贵的抢救时机。

（1）当将溺水者救至岸上后，应迅速检查溺水者身体情况。由于溺水者多有严重的呼吸道阻塞，要立即清除口鼻内淤泥杂草、呕吐物，然后再控水处理。

（2）迅速进行控水：所谓控水（倒水）处理，是利用头低、脚高的体位，将吸入水分控倒出来。最简便的方法是，救护人一腿跪地，另一腿出膝，将溺者的腹部放在膝盖上，使其头下垂，然后再按压其腹、背部。也可利用地面上的自然余坡，将头置于下坡处的位置，以及小木凳、大石头、倒扣的铁锅等作垫高物来控水均可。

（3）对呼吸已停止的溺水者，应立即进行人工呼吸。方法是：将溺水者仰卧位放置，抢救者一手捏住溺水者的鼻孔，一手掰开溺水者的嘴，深吸一口气，迅速口对口吹气，反复进行，直到恢复呼吸。人工呼吸频率每分钟16～20次。

（4）如呼吸心跳均已停止，应立即进行人工呼吸和胸外心脏按压。急救者将手掌根部置于胸骨中段进行心脏按压，下压要慢，放松时要快，每分钟80～100次，与人工呼吸互相协调操作，与人工呼吸操作之比为5∶1，如一人施行，则心脏按压与人工呼吸之比是15∶2。

溺水者经现场急救处理，在呼吸心跳恢复后，立即送往附近医院。

腿部抽筋——发生抽筋时若在浅水区可马上站立并用力伸蹬，或用手把足拇指往上掰，并按摩小腿可缓解。如在深水区，可采取仰泳姿势，把抽筋的腿伸直不动，待稍有缓解时，用手和另一条腿游向岸边，再按上述方法处理。

呛水——不要慌张，调整好呼吸动作即可防止继续呛水。如发生在深水区又自觉身体十分疲劳不能再游时，可呼叫旁人帮助上岸休息。

腹痛——一般是因水温较低或腹部受凉所致。入水前应充分做好准备工作，如用手按摩腹脐部数分钟，用少量水擦胸、腹部及全身，以适应水温。如在水中发生腹痛，应立即上岸并注意保暖。可以带一瓶藿香正气水，饮后腹痛会渐渐消失。

头晕——在水中游得时间过长或恰好腹中空空，可能会头晕、恶心，这是疲劳缺氧所致。要注意保暖，按摩肌肉，喝些糖水或吃些水果等，很快可恢复。

在送医院途中，仍需不停地对溺水者作人工呼吸和心脏按压，以便于医生抢救。

青少年应该知道的生物知识

第十一节　中考、高考阶段的营养需要

每年的六月份，是参加中、高考学生们的关键时刻。这一时期的孩子正处在学习负担重、用脑过度的特殊阶段，能能量和各种营养素的需要都超过成年人。学生们准备复习考试阶段，正处于夏季，炎热的气候、过重的学习压力，常常会造成孩子食欲不佳、消化能力减弱，甚至发生疾病。因此，在这一段特殊的时期，家长一定要注意学生的膳食营养。

注意：营养均衡，搭配合理膳食清淡，易于消化。

考试临近，学生复习紧张，精力消耗大，会感到疲乏、食欲差，家长会发现孩子脾气大、暴躁，对平时喜欢吃的东西也失去兴趣，此即所谓"考试综合症"。复习迎考期间，大脑需要充分的能量与多种营养素。科学合理的营养能发挥大脑的功能，增强记忆力、提高学习成绩。避免出现"考试综合症"，使孩子能以旺盛的精力复习功课。

对食欲差的孩子，可以考虑少食多餐备考的最后阶段，复习到一定程度后，从某种意义上讲就是拼体力，谁的身体好，能坚持到底，谁就有希望成功。所以，加强这一时期青少年的营养非常重要。考试复习阶段宜一日四餐考试前的复习阶段，学生们一般都比较疲劳、紧张。很多人吃不下饭，体力和精力不足，容易形成恶性循环。在此阶段，家长一定要重视学生的膳食营养，应当遵循"早餐吃好，午餐吃饱，晚餐适量"的原则。另外，因这一时期的青少年晚饭后还要学习数小时，因此在晚饭后到睡觉前应有一次加餐，做到一日四餐，合理安排。

一、早餐

吃好早餐非常重要，因为孩子上午要连续学习 4～5 个小时，并有课间活动，能量及各种营养素消耗大。如果不吃或吃不好早餐，对学习和身体都会带来不利影响，后两节课时会出现饥饿感、头晕、注意力不集中及心慌等低血糖反应，不公影响学习，还会伤害身体，所以，早餐一定要吃好。早餐能量应占全天总能量的30%。由于早晨起床后，大脑皮层仍处在抑制状态，很多孩子食欲较差，进食量少，因此早餐要进食体积小、质量高、热量高、耐饥且又易于消化吸收的食物，如鸡蛋、牛奶、面包、蛋糕、白糖、果酱、馒头、烧饼、摊鸡蛋的煎馒头片、豆浆、面条荷包蛋、火腿肠及香肠等。有的学生晚上复习功课睡行太晚，早晨起不来，把吃早饭时间挤掉了，空着肚子去上课，这样对身体健康极不利，同时也影响学习效率。因此一定要帮助孩子调整好作息时间，给吃早餐留出时间。学生们午餐前后都是学习、活动时间，所以孩

子们的午餐一定要吃够量。午餐能量应占全天总能量的35%～40%。

二、午晚餐

作为一天中的正餐，午餐的主副食品要中富多样，对于15岁左右的学生来讲，一般要求进食瘦肉类50克、豆制品50～100克、青菜类250克，最好每周吃鱼2～3次，主食随饭量而定。晚餐能量应占全天总能量的30%～35%，品种基本上与午餐相同。学生的午餐和晚餐要注意粗细搭配、干稀搭配、主副食品搭配、荤素搭配、菜的颜色搭配，烹调方法要多样化，力求做到色、香、味、形俱佳。有条件在家就餐的学生最好能有三菜一汤：荤菜、荤素搭配菜、素菜和汤，主食品种也要多样或调剂着吃。

三、加餐

考试前，学生大多因复习功课睡行较晚，从晚餐至睡觉，中间大约有4～5个小时。这段时间里，晚餐所吃的食物已基本消化掉，需要加以补充。另外，有些学生念书很累，大脑处于紧张兴奋状态，以至于影响睡眠，故晚间加餐时最好喝一杯牛奶，吃些面包、鸡蛋、既补充了营养，又可起到安神作用。考前饮食中的注意事项：中考和高考的时间正值夏天，气候炎热，食物容易腐败变质，再加上学生们学习紧张，心理压力大，身体抵抗力降低，很容易因食用不洁或变质食物而发生食物中毒性或肠道感染性急性胃肠炎，甚至引起细菌性痢疾，严重影响学习和考试发挥。因此，这一阶段一定要格外讲究饮食卫生，吃新鲜、洁净、无变质食品；喝开水；少吃雪糕、冰激凌等冷食；尽量不吃街头小摊的熟肉制品或凉拌菜。尽量不喝碳酸型和兴奋型饮料，因碳酸型馀料中含有二氧化碳，易引起腹胀、打嗝，使孩子因不适而造成学习中精力不集中。如果在吃饭的同时喝碳酸型饮料，会因腹胀造成饱腹感假象，使进食量减少，但不久就饿了，使学习受到影响。兴奋型饮料有可能打乱人体生物钟而影响正常学习，所以学生在考试前尽量不喝。夏天出汗多，体内钠损失大，应适当补充盐分。可以让学生喝些淡盐水、生理盐水和菜汤等，以避免因低纳造成抽搐和中暑。如果孩子食欲不好，可在饭前喝一小碗鲜鸡汤、鲜鱼汤或去油的骨头汤等，因汤内含有氮的浸出物，可以刺激胃液分泌，增加食欲。也可喝一瓶酸奶，增加胃酸，以增强食欲。睡前最好洗个澡，喝一杯牛奶或一小碗稠小米粥。这样有利于睡眠，能提高睡眠质量。但不要忘记喝完奶或小米粥后，一定要刷牙漱口。考试当天早饭要吃行稍干一点，咸一点，因食盐中的钠在体内有水钠潴留作用，所以考试时不会因感到憋尿而分散精力。这一时期的青少年应以进食天然食物为主，但家庭条件允许或体质较弱的学生，在医生或营养医师的指导下可适当服用抗疲劳、而缺氧型保健品。

总之，学生在考试期间应遵循以下膳食原则：

（1）保证优质蛋白质的供应：蛋白质是维持人从事复杂智力活动的基本原料，安排考生的膳食，蛋类、牛奶、肉类、豆制品质是不可少的。

（2）保证主食供应：要粗细粮搭配，除以大米、小麦粉为主外，应配以适量的粗杂粮和薯类。

（3）保证维生素与无机盐的供应：新鲜蔬菜与水果是维生素和无机盐的良好来源。如橘子、草莓、油菜、芹菜含有丰富的维生素与无机盐。

（4）少吃含糖和脂肪类的食物。

（5）少吃或不吃街头小吃的冷饮。

（6）要特别注意保持体液的酸碱平衡：成酸性食物吃得多，体液偏酸，人容易疲乏倦怠、昏昏欲睡，使大脑反应迟钝；而成碱性食物则使精力充沛，头脑清晰，反应灵敏。所以，要想使孩子的大脑发挥最大的功能，则应特别注意膳食中安排成碱性食物。蔬菜、水果、豆制品都是成碱性食物，其中海带、菠菜碱性最高。一般认为，进食酸碱性食物的比例以1：3为好。

第十二节　视力保护

眼睛的人体重要的感觉器官之一。视力好坏对工作＼学习和生活影响很大。当前，我们正处于高新科技发展的时期，没有一双明亮的眼睛，根本无法适应时代的要求。从小爱护眼睛，保护视力就显得十分重要了。

一、青少年近视形成的原因

（1）营养的缺乏

（2）不注意用眼卫生：①长期趴在桌子上书写和侧卧看书。趴在桌子上看书，眼睛必然离书很近，眼睛看近的东西时睫状肌需要调节晶状体凸度，才能使物像清晰在视网膜上。②走路、乘车看书。③在过强过弱的光线下书写、阅读。

二、青少年近视眼的预防和矫治

1. 青少年近视眼的预防

（1）注意营养、加强体育活动、提倡望远训练

（2）培养保持正确的书写体位和姿势，读书、写字要保证三

要、三不要：读书写字时，桌面照度应符合标准；课本和练习本的纸张要洁白无暇，但不宜反光；印刷字体不宜太小而字迹要清晰易于辨认

（3）看电视要有节制

（4）认真做好眼保健操。

2. 青少年近视的矫治

（1）假性近视的矫治

（2）配戴框架眼镜的注意事项：配眼镜前要准确地验光、选择眼镜架、正确的选择镜片。

（3）配戴隐形眼镜的注意事项：①注意角膜感染；②中、小学生不宜配戴隐形眼镜；③戴隐形眼镜时不宜滴用含抗生素和有色的眼药水，以免眼药水结晶和色素堵塞镜片小孔、造成镜片透气性下降；④患有眼病的人不宜配戴。

第十三节　早晨赖床有碍健康

专家认为，早晨醒后赖床不起（指在床上的时间超过 10 小时），非但不会增添体力和精神，反而会影响健康。

一、头晕无力精神恍惚

赖床会使人漫无边际地胡思乱想，起床后，头沉甸甸的，什么事也干不下去。据分析，这是因为赖床也需要用脑，而消耗大量的氧，以致脑组织出现了暂时性的"营养不良"。

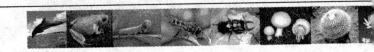

二、破坏生物钟效应

让一个上白班的人接受激素检测，结果显示：下丘脑及脑垂体分泌的许多激素，早晨至傍晚的浓度相对较高，而夜间至黎明较低。上夜

班的人正好相反。因此，如果你平时生活有规律，逢周末或节假日却睡懒觉，就会扰乱体内生物钟的时序，造成夜不能寐，而白天却心绪不宁、疲惫不堪。

三、影响肠胃功能

一般来说，清晨 7 时左右会基本消化完头天的晚餐。此刻，大脑会发出现"饥饿信息"。如果你一直在床上躺到 12 点，不吃早餐，你的胃肠由于经常发生饥饿性蠕动，很容易发生胃炎、溃疡等病症。

青少年应该知道的生物知识

第六章　生活中常见的生物

第一节　苍蝇

一、苍蝇概述

在生物学上，苍蝇属于典型的"完全变态昆虫"。70 年代末统计，全世界有双翅目的昆虫 132 个科 12 万余种，其中蝇类就有 64 个科 3 万 4 千余种。苍蝇具有一次交配可终身产卵的生理特点，一只雌蝇一生可产卵 5～6 次，每次产卵数约 100～150 粒，最多可达 300 粒左右。一年内可繁殖 10～12 代。苍蝇多以腐败有机物为食，因此常见于卫生较差的环境。苍蝇具有舐吮式口器，会污染食物，传播痢疾等疾病。在生态系中，苍蝇的幼虫扮演动植物分解者的重要角色。苍蝇的成虫由于嗜食甜物质，因此也能代替蜜蜂用于农作物的授粉和品种改良。临床医学上，活蝇蛆可

接种于伤口之中，起杀菌清创，促进愈合之作用。富含蛋白质的蝇蛆又是重要的饵料、饲料，可工厂化生产。

二、危害

苍蝇因携带多种病原微生物传播而危害人类，苍蝇的体表多毛，足部抓垫能分泌黏液，喜欢在人或畜的粪尿、痰、呕吐物以及尸体等处爬行觅食，极容易附着大量的病原体，如霍乱弧菌、伤寒杆菌、痢疾杆菌、肝炎杆菌、脊髓灰质炎病菌、甲肝病菌乙肝病菌，以及蛔虫卵等；又常在人体、食物、餐饮具上停留，停落时有搓足和刷身的习性，附着在它身上的病原体很快就污染食物和餐饮具。苍蝇吃东西时，先吐出嗉囊液，将食物溶解才能吸入，而且边吃、边吐、边拉；这样也就把原来吃进消化液中的病原体一起吐了出来，污染它吃过的食物，人再去吃这些食物和使用污染的餐饮具就会得病。霍乱、痢疾的流行和细菌性食物中毒与苍蝇传播直接相关，但它也不是一无是处，若没有它，人类将身陷腐臭之地。

三、食性

苍蝇的食性很杂，香、甜、酸、臭均喜欢，它取食时要吐出嗉囊液来溶解食物，其习惯是边吃、边吐、边拉。有人作过观察，在食物较丰富的情况下，苍蝇每分钟要排便4~5次。

四、为什么苍蝇老是"搓脚"

苍蝇没有鼻子，但是，它有另外的味觉器官，并且还不在头上脸上，而是在脚上。只要它飞到了食物上，就先用脚上的味觉器官去品一品食物的味道如何，然后，再用嘴去吃。因为苍蝇很贪吃，又喜欢到处飞，所以见到任何食物都要去尝一尝，这样一

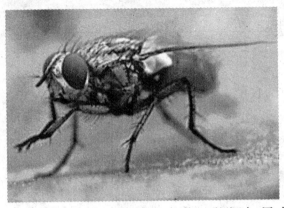

来，苍蝇的脚上就会沾有很多的食物，这样既不利于苍蝇飞行，又阻碍了它的味觉。所以苍蝇把脚搓来搓去，是为了把脚上沾的食物搓掉。

因为苍蝇有这种坏习惯，所以会传染很多病菌。苍蝇如果在粪便、污水里站过又飞到食物上去，就会把病菌留在食物上。另外，苍蝇还有个更坏的习性，就是当它落在食物上时，不仅吃食物，而且，还要排粪，把肠子里的一些活着的病菌、寄生虫卵等等都排在食物上。如果人们吃了这样的食物，很容易感染上疾病，影响身体健康，甚至危及生命。

五、防治

（1）生活垃圾用塑料袋装好，日产日清，不要长时间停留在一个地方，勿使苍蝇接触产卵。

（2）垃圾桶（箱、车）必须加盖，及时清运。

（3）及时消除房前屋后、单位内外的垃圾和卫生死角。

（4）饮食店、摊点和有食品存在的地方，应有防蝇、灭蝇设施。

（5）城区内居民禁止饲养家禽、家畜。

（6）不要用鸡、鸭、鱼的内脏、骨头做花肥。

（7）宾馆、饭店、酒家要有完善的防蝇灭蝇设施，垃圾密闭，及时清运。

（8）可以利用天敌防治。例如：蜘蛛、壁虎等等！

六、巧驱苍蝇五法

1. 食醋驱蝇法

在室内喷洒一些纯净的食醋，苍蝇就会避而远之。

2. 桔皮驱蝇法

将干桔皮在室内点燃，既可驱逐苍蝇，又能消除室内异味。

3. 葱头驱蝇法

在厨房里多放一些切碎的葱、葱头、大蒜等，这些食物有强烈的辛辣和刺激性的气味，可驱逐苍蝇。

4. 西红柿驱蝇法

室内放一盆盆栽西红柿，能驱逐苍蝇。

5. 残茶驱蝇法

将残茶叶晒干，放于厕所或臭水沟旁燃烧，不仅能驱逐蚊蝇，还可除去臭气。

七、人类灭蝇的常用方法

1. 最原始

用苍蝇拍把苍蝇拍死。这种方法灭蝇效果很大程度取决于操作人的技术。优点：成本低。缺点：灭蝇效果很大程度取决于灭蝇人技术；会产生污染。最近，又出现了电子灭蝇拍，它克服了传统苍蝇拍会产生污染的缺点，但是灭蝇成本却升高了。

2. 最快

杀虫剂灭蝇。目前市售的灭蝇剂有胃毒剂、触杀剂两种。

（1）胃毒剂。经虫口进入其消化系统起毒杀作用，如敌百虫等。

（2）触杀剂。与表皮或附器接触后渗入虫体，或腐蚀虫体蜡质层，或堵塞气门而杀死害虫，如拟除虫菊酯、矿油乳剂等。灭

青少年应该知道的生物知识

蝇的同时会污染环境，尤其是胃毒剂，不适用于有食品生产的食品厂和有药品生产的制药厂。

3. 昼夜不停之紫外灯诱杀

苍蝇属于趋光性动物，尤其对紫外线敏感，利用这种特性，人类发明了紫外线诱杀灯，紫外灯外面的电网可使苍蝇遭电击而死。优点：无污染；可昼夜灭蝇。缺点：会产生火花，不适用于易燃易爆的场所。

4. 最安全

安放粘蝇纸。当苍蝇误撞或落下停歇时使之被粘住而无法活动。这种方法只适用于苍蝇较多又不需要严格灭蝇的地方。

5. 一切归于无吧

"坚壁清野"。苍蝇寿命最长为 15 天，如果长时间得不到食物，很快就会死掉。所以把所有食物都妥善保存，处理好垃圾，这本身对苍蝇就是致命的打击。

6. 撒手锏

湿抹布灭蝇。抹布沾水扔出后动能较大故射程较远，加之抹布覆盖面积大，又增加了命中率，经过一段时间的练习后，练习者扔出的抹布将成为苍蝇的噩梦。

第二节　马蜂

一、马蜂概述

马蜂又称为"胡蜂"、"蚂蜂"或"黄蜂"，是一种分布广泛、种类繁多、飞翔迅速的昆虫。属膜翅目之胡蜂科，中至大型，

体表多数光滑，具各色花斑。上颚发达。咀嚼式口器。触角膝状。大大的复眼。翅子狭长，静止时纵褶在一起。腹部一般不收缩呈腹柄状。雌蜂身上有一根有力的长螫针，在遇到攻击或不友善干扰时，会群起攻击，可以致人出现过敏反应和毒性反应，严重者可导致死亡。马蜂通常用浸软的似纸浆般的木浆造巢，食取动物性或植物性食物。

二、马蜂蜇伤后处理

原则如下

（1）马蜂毒呈弱碱性，可用食醋或1%醋酸或无极膏擦洗伤处。

（2）马蜂蜇人后不会有毒刺留在身上。（如果是蜜蜂蛰的话就要把伤口残留的毒刺可用针或镊子挑出，但不要挤压，以免剩余的毒素进入体内，然后再拔火罐吸出毒汁，减少毒素的吸收）

（3）用冰块敷在蛰咬处，可以减轻疼痛和肿胀。如果疼痛剧烈可以服用一些止痛药物。

（4）如果有蔓延的趋势，可能有过敏反应，可以服用一些抗过敏药物，如苯海拉明、扑而敏等抗过敏药物。

（5）密切观察半小时左右，如果发现有呼吸困难、呼吸声音变粗、带有喘息声音，哪怕一点也要立即送最近的医院去急救。

三、补充

不小心惹得马蜂"发火"时，可以趴下不动，千万不要狂跑，以免马蜂群起追击。被马蜂蜇后伤口会立刻红肿，且感到火辣辣的痛。此时，应马上涂抹一些食醋，使酸碱中和，减弱毒性，亦可起到止痛的作用。如果当时有洋葱，洗净后切片在伤口上涂抹，此外还可用母乳、风油精、清凉油等去除蜂毒，但切记不可用红药水或碘酒搽抹，那样不但不能治疗，反而会加重肿胀！若遭遇蜂群攻击时应立即就医，不可掉以轻心。

四、注意

我们一般常见的蜂有蜜蜂、（黄）马蜂。如果是蜜蜂蜇的，它的刺会留在人体内，可以先把断刺拔出。由于蜜蜂毒液为酸性，因此可用肥皂水或氨水清洗；要是被黄（马）蜂蜇伤，则要用食醋止痛止痒。

被蜂蜇后轻者伤处见中心有淤点的红斑、丘疹或风疹块，有烧灼感及刺痛。如蜇伤后 20 分钟无症状者，可以放心。

重者伤处一片潮红、肿胀、水疱形成，局部剧痛或搔痒，有发热、头痛、恶心呕吐、烦躁不安、痉挛、昏迷。

有特异体质者对蜂毒过敏，可迅速发生颜面、眼睑肿胀，荨麻疹，喉头水肿，腹痛腹泻，呼吸困难，血压下降，神志不清等过敏性休克现象，终因呼吸、循环衰竭而亡。

处理方法如下：

（1）不要紧张，保持镇静。

（2）有毒刺入皮肤者，先拔去毒刺。

（3）选用肥皂水、3%氨水、5%～10%碳酸氢钠水、食盐水、糖水洗敷伤口。

（4）新鲜人乳涂于伤处，每日数次。

（5）玉露散或菊花叶捣烂敷贴。

（6）黄蜂螫伤，可用食醋或鲜马齿苋洗净，挤汁涂抹。

（7）大蒜或生姜捣烂取汁，涂敷患处。

（8）选用鲜蒲公英、紫花地丁、七叶一枝花、半边莲等，洗净捣烂，在伤口周围外敷，效果良好。

（9）距刺伤周围约2厘米处，涂一圈溶化的南通蛇药片，有解毒、止痛、消肿之功效。

（10）老黄瓜汁涂患处，1日数次，又止疼又消肿。

（11）韭菜30克，洗净、捣烂如泥，敷患处。

第三节　青蛙

一、青蛙概述

青蛙是两栖类动物，最原始的青蛙在三叠纪早期开始进化。现今最早有跳跃动作的青蛙出现在侏罗纪。因为青蛙是两栖类动物，因此必须栖息于水边。

青蛙属于两栖纲无尾目。成体基本无尾，卵一般产于水中，孵化成蝌蚪，用鳃呼吸，经过变态，成体主要用肺呼吸，但多数皮肤也有部分呼吸功能。主要包括两类动物：蛙和蟾蜍。这两类动物没有太严格的区别，有的一科中同时包括两种。一般来说，蟾蜍多在陆地生活，因此皮肤多粗糙；蛙体形较苗条，多善于游泳。两种体形相似，颈部不明显，无肋骨。前肢的尺骨与桡骨愈合，后肢的胫骨与腓骨愈合，因此爪不能灵活转动，但四肢肌肉发达。

无尾目是生物从水中走上陆地的第一步，比其他两栖纲生物要先进，虽然多数已经可以离开水生活，但繁殖仍然离不开水，卵需要在水中经过变态才能成长。因此不如爬行纲动物先进，爬行纲动物已经可以完全离开水生活。

二、青蛙肉

青蛙肉是吃不得的，原因有三：

（1）青蛙的冬眠是在泥土里度过的，历时半年多。复苏后，其体内带有多种病毒细菌，虽经烹制也不能完全消除。

（2）现在庄稼施用农药、化肥较多，青蛙常吞食带有化肥农药的害虫。人再食用之，农药残毒又会通过"食物链"毒害人体。

（3）青蛙体内还藏有一种叫双槽蚴虫的寄生虫。人吃了带虫的青蛙后，双槽蚴便寄生于人的皮下和肾脏周围，产生一种使这些组织局部浮肿或脓肿的液体。如侵入眼球里，可引起角膜溃疡，视力减退，严重的甚至导致失明。

青蛙肉又称田鸡肉，现在庄稼施用农药、化肥较多，青蛙常吞食带有农药、化肥的害虫，人再食用之，农药残毒又会通过"食物链"毒害人体，形成慢性农药中毒，甚至会导致各种癌变。

青蛙是国家禁止捕杀的省级保护动物，但在日常生活中有不少人把青蛙肉当做补品或美味佳肴，导致一些商贩大肆捕杀青蛙。

其实，青蛙肉并不能补身体。现代医学研究证明，青蛙肉不但没有特殊营养，吃多了反而会影响人体健康，甚至染上寄生虫病。

三、食疗价值

蛙科动物黑斑蛙或金线蛙等青蛙的肉。青蛙又称蛙、长股、田鸡、青鸡、坐鱼、蛤鱼。在我国分布很广。前者，除荒漠及北部草原外，几乎遍及长江流域以北各地；后者，以长江以北江苏北部，安徽、山东、河北等地较多。获得后，除去外皮及内脏，洗净鲜用。性能：味甘，性凉。能补虚益胃，利水消肿，清热解毒。

第四节　蚊子

一、蚊子概述

蚊子，属于昆虫纲双翅目蚊科，全球约有3000种。是一种具有刺吸式口器的纤小飞虫。通常雌性以血液作为食物，而雄性则吸食植物的汁液。吸血的雌蚊是登革热、疟疾、黄热病、丝虫病、日本脑炎等其他病原体的中间寄主。除南极洲外各大陆皆有蚊子的分布。其中，以按蚊属、伊蚊属和库蚊属最为著名。

蚊子属四害之一。其平均寿命不长，雌性为 3~100 天，雄性为 10~20 天。

蚊子有雌雄之分，雄蚊触角呈丝状，触角毛一般比雌蚊浓密。它们的食物都是花蜜和植物汁液。雄蚊口器退化，雌蚊因繁殖需要，在繁殖前雌蚊需要叮咬动物以吸食血液来促进内卵的成熟。

蚊子蚊子的唾液中有一种具有舒张血管和抗凝血作用的物质，它使血液更容易汇流到被叮咬处。被蚊子叮咬后，被叮咬者的皮肤常出现起包和发痒症状。几乎每个人都有被蚊子"咬"的不愉快事，事实上应该说被蚊子"刺"到了。蚊子无法张口，所以不会在皮肤上咬一口，它其实是用 6 枝针状的构造刺进人的皮肤，这些短针就是蚊子摄食用口器的中心。这些短针吸人血液的功用就像抽血用的针一样；蚊子还会放出含有抗凝血剂的唾液来防止血液凝结，这样它就能够安稳地饱餐一番。当蚊子吃饱喝足、飘然离去时，留下的就是一个痒痒的肿包。但是，痒的感觉并不是

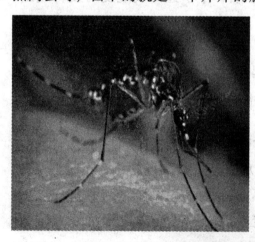

因为短针刺人或唾液里的化学物质而引起的。我们会觉得痒，是因为体内的免疫系统在这时会释出一种称为组织胺的蛋白质，用以对抗外来物质，而这个免疫反应引发了叮咬部位的过敏反应。当血液流向叮咬处以加速组织复原时，组织胺会造成叮

咬处周围组织的肿胀，此种过敏反应的强度因人而异，有的人对蚊子咬的过敏反应比较严重。

二、生活史

蚊子是属于完全变态的昆虫。生活史可分成四个阶段：

1. 卵

蚊子的卵根据种类的不同可能产在水面、水边或水中三种不同的位置，水面上的如按蚊和家蚊，水边的如伊蚊。按蚊和家蚊约在二天内孵化，而伊蚊则在三至五天。

2. 幼虫

蚊子的幼虫称为孑孓。孑孓用吸管呼吸。身体细长，呈深褐色，在水中上下垂直游动，以水中的细菌和单细胞藻类为食，呼吸气。如库蚊（家蚊）的孑孓尾端具有 1 条长呼吸管，管端为呼吸器的开口，呼吸时，身体与水面成一角度，使呼吸管垂直于水面，摄食有机物及微生物，口的刷毛会产生水流，流向嘴巴；按蚊（疟蚊）无呼吸管，孑孓尾端的呼吸器开口于身体表面，呼吸时，身体与水面平行。

这个时期维持 10～14 天以后，孑孓经 4 次蜕皮后发育成蛹，由蛹再羽化为成蚊。

3. 蛹

蚊子蛹的形状从侧面看起来成逗点状。不摄食，但可在水中游动。靠第一对呼吸角呼吸。经二天完全成熟。

4. 成虫

新出生的蚊子在翅膀没有硬（羽化）之前无法起飞。雄蚊在羽化后 24 小时之内其腹节第八节以后全部反转 180°完成交配姿势。交配的动作因种类而有不同，有的黄昏时刻在田野广旷之处形成蚊柱作群舞。蚊柱不一定单纯由一种雄蚊聚集而成，往往有

青少年应该知道的生物知识

几种不同蚊种集合而成。此时雌蚊见到群舞光景，就飞近蚊柱与同种雄蚊交配离去。交配通常需要 10～25 秒。雌蚊一生只交配一次，交配后由雄性副腺分泌的液体，形成交配栓于雌性交配孔内，但逐渐溶解，约于 24 小时后完全消失。一生只交配一次，后其一生（100 多天后）产下的卵尚可受精。

三、对人类的危害

在蚊子中，最可恶的要算吸人血的蚊子。雌雄蚊的食性本不相同，雄蚊"吃素"，专以植物的花蜜和果子、茎、叶里的液汁为食。雌蚊偶尔也尝尝植物的液汁，然而，一旦婚配以后，非吸血不可。因为它只有在吸血后，才能使卵巢发育。所以，叮人吸血的只是雌蚊。

蚊子在吸血前，先将含有抗凝素的唾液注入皮下与血混和，使血变成不会凝结的稀薄血浆，然后吐出隔宿未消化的陈血，吮吸新鲜血液。假如一个人同时给 1 万只蚊子任意叮咬，就可以把人体的血液吸完。

蚊子主要的危害是传播疾病。据研究，蚊子传播的疾病达 80 多种之多如疟疾、丝虫病、黄热病、登革热、日本脑炎、圣路易脑炎、多发性关节炎、裂谷热、流行性乙型脑炎等等。在地球上，再没有哪种动物比蚊子对人类有更大的危害。

四、驱蚊妙招

在我们了解了蚊子的生活习性之后，那么有什么对付蚊子的好方法呢？下面就教大家几招：

物理驱蚊第一招：消灭蚊子生存环境，有的居住环境差，周围死水多，需要经常喷药，这不仅灭蚊难度大，还会因此花费很多钱。所以不妨用一些物理方法灭蚊。解决办法：及时清理垃圾，

不要留死水。

物理驱蚊第二招：肥皂丝＋洗衣粉水。在屋中放置一个盆子，盆中加点肥皂丝混合洗衣粉的水，第二天，水盆中就会有一些死去的蚊子。每天持续使用这种方法，几乎可以不用再喷杀虫液去杀蚊子了。而且，蚊子也会越来越少。

物理驱蚊第三招：大蒜、（花生）维生素B。

物理灭蚊第四招：盐水、牙膏，热毛巾等。如果你一不小心还是被蚊子给咬了，也不要急着用手抓。来一点盐水或牙膏，涂在患处可以迅速帮你止痒。蚊毒遇到高温即可解，被蚊子咬过后，蚊毒最怕高温，立即用热毛巾敷5分钟就可以了。或者用热水瓶瓶塞（瓶里面当然要有热水）稍烫，点敷小包，以不烫伤为准，3～5分钟即可

物理灭蚊第五招：植物疗效，可在房间里放置干橘子或者玫瑰等花，可驱逐蚊虫。

物理无蚊第六招：住宅内做到无蚊，创造一个绿色的空间，是人人都梦寐以求的，对过敏性体质、呼吸道疾病的人群，尤其对娇嫩的幼儿、孕妇极其重要。窗纱是我们常用的，也是最有效的。窗纱，纱孔的大小要合适；装纱时，应有一点余量，用来掩盖一些窗缝。装了窗纱，只能挡住大部门蚊子，接下要做的很关键：

（1）油烟脱排机出口，洞那么大，很容易被人忘记，出口应装纱。

（2）排风窗口也不能漏掉。

（3）出水口：洗手池、洗衣机、浴缸等等，这些地方有的虽有存水弯头，由于虹吸现象，挡不了蚊子，特别是下大雨，水位上升时，蚊子会大量从这些地方钻进来，可用窗纱布把口盖住。

（4）门缝的处理，有时候门缝很大，用门条也封不住，特别

是门底下的缝，用窗纱从底下过，里外把纱固定，最好放松一点，蚊子就进不了啦。

（5）再细细检查有没有蚊子可钻进来的小孔与缝，用胶带粘、海绵塞。

我们看看另一种办法——把用过的失去药力的蚊香药片，轻轻滴上几滴风油精，插上电源，就能达到较强的驱蚊效果，又节约药片。遇上停电还可以把用过的一两片药片，一块点燃，几分钟后，就能起到驱蚊灭蚊的效果。

第五节　蚰蜒

一、蚰蜒概述

蚰蜒俗称"墙串子"或"钱串子"，古时称"草鞋虫"，有的地方称"香油虫"，有的地方称"蚵蛸"。中国国内常见的为花蚰蜒和大蚰蜒。

蚰蜒，节肢动物门多足亚门多足纲唇足亚纲蚰蜒科。体短而扁，灰白色或棕黄色，全身分十五节，每节有组长的足一对，最后一对足特长。气门在背中央，足易脱落，触角长毒颚很大，行动敏捷。多生在活房屋内外的阴暗潮湿处，捕食蚊蛾等小动物，有益。

蚰蜒体短而微扁，棕黄色。全身分十五节，每节有组长的足一对，最后一对足特长。足易脱落。气门在背中央。触角长。毒颚很大。栖息房屋内外阴湿处，捕食小动物。我国常见的为花蚰蜒，或称大蚰蜒。

蚰蜒的形态结构与蜈蚣很相似，主要的区别是：蚰蜒的身体较短，步足特别细长。当蚰蜒的一部分足被捉住的时候，这部分步足就从身体上断落下来墙串子，使身体可以逃脱这是蚰蜒逃避敌害的一种适应。

青少年应该知道的生物知识

二、生活习性

蚰蜒行动迅速，气管集中，几千个单眼聚集在一起构成伪复眼，甚至在庭院和住室中也往往出现。唇足类中的蜈蚣只有4对单眼，虽然视力很差，但行动却很迅速，不论爬行、捕食或是寻找栖息的处所，主要依靠1对触角。

体形细小的地蜈蚣有时能侵入人体而出现假寄生的现象。例如厚股蜈蚣能侵入小儿的生殖道内，从而引起剧烈的疼痛。蚰蜒白天在腐叶、朽木中体休息到了晚上才出来觅食，行动迅速，以昆虫及蜘蛛为主食。

蚰蜒，属于代谢较低、生长缓慢、繁殖能力差而寿命很长的物种。种类颇多，我国常见的大蚰蜒或称花蚰蜒，分布在南方各省。蚰蜒多在夏秋季节活动，爬行速度较快，常栖居房屋内外阴暗潮湿处，爬行于墙壁、蚊帐、家具、床下，以捕捉小昆虫为食。

三、蚰蜒防治方法

蚰蜒刺伤后数小时内使皮肤发生条索状红斑、水疱，初为半透明的水疱，以后变为浑浊的脓液或血液，周围有明显的红晕，疱壁常被抓破或擦破形成糜烂面，若有继发感染很类似坏疽性带状疱疹，有瘙痒和疼痛感。毒虫的毒液经测定 pH6.3～7，为弱酸性或中性，致病因素并非强酸的刺激而是毒素所致。国内报告的病例尚未发现严重的全身中毒症状者。如无继发感染，一般 3～5d 即愈，留有色素沉着。

人被蚰蜒螫伤，可用3%氨水或5%～10%碳酸氢钠溶液等清洗患处，亦可用南通蛇药片用水溶化涂敷。

四、蚰蜒的预防

保持室内清洁干燥，在阴暗潮湿处可喷洒杀虫药。若在家中发现蚰蜒，应注重环境卫生，及时清除室内外碎石、垃圾等，并保持室内干燥。遇见蚰蜒可及时拍打或喷洒灭害灵等卫生喷射剂。凡室内外蚰蜒较多，可设法在墙面涂刷杀虫涂料，加以防治，或在阴暗潮湿处喷洒敌百虫粉剂。

第六节　米蛾

一、成虫特征

翅展约 18mm。复眼棕褐色。前翅长椭圆形，外缘圆弧状，

灰褐色，翅面有不甚明显的纵条纹。后翅比前翅宽阔，灰黄色。属蜡螟科 Galleriidae。

二、栖息场地和习性

可在大米、小麦、玉米、小米、花生、芝麻、干果等上发现。幼虫喜欢栖息于碎米中，并吐丝把碎米连缀而筑成筒状长茧。幼虫潜匿在茧内取食危害。每年发生2~7代，以幼虫越冬。

三、生活周史及各发育阶段的形态

每一雌蛾可产卵约150粒。在温度为21℃左右的条件下，完成一代约需42天。

1. 卵

长卵形，淡黄色，有光泽，约经7天便孵化为幼虫。

2. 幼虫

长约13mm，头部赤褐色，身体黄白色。幼虫期约25天。

3. 成虫

每年6月中、下旬成虫羽化，喜欢在夜间活动，白天静息在仓库墙壁或麻袋上。交配后1~2天即产卵于粮堆表面或仓库缝隙中。成虫寿命短，约7~10天。

四、防治要点

（1）保持仓库清洁卫生，并安装纱窗纱门。

（2）散装粮可用 4ppm 保粮磷，4ppm 甲基嘧啶磷，0.5 ~ 1ppm 溴氰菊酯与谷物拌和 30 ~ 40 公分。

（3）仓内空间挂敌敌畏布条。

（4）PH3 常规熏蒸。

第七节　老鼠

一、老鼠概述

老鼠是一种啮齿动物，体形有大有小。种类多，有 450 多种。数量繁多并且繁殖速度很快，生命力很强，几乎什么都吃，在什么地方都能住。会打洞、上树，会爬山、涉水，而且糟蹋粮食、传播疾病，对人类危害极大。除了天敌捕鼠外，人们还利用器械（老鼠夹子、老鼠笼子、电子捕鼠器等）、药物方法灭鼠。

在我国，有鼠类约 170 多种，我国南方主要鼠种有 32 种，老鼠有家栖和野栖两类。广东地区常见的家栖鼠主要有褐家鼠、黄胸鼠和小家鼠三种；野鼠主要是黄毛鼠，又称罗赛鼠、田鼠。大家鼠（褐家鼠）：毛色灰，喜欢在墙根、墙角打洞，一般体重 300g 左右，大的有 900g 重；小家鼠（小耗子）：毛色灰，个体较小，除墙根做窝外，经常与人作伴，重大约 20 ~ 30g；还有屋顶鼠、大仓鼠、黄毛鼠等；黄胸鼠：体形比褐家鼠小，一般体重 100 ~ 250 克，尾长耳大，尾长超过体长。

二、生活习性

（1）夜出昼伏凭嗅觉就知道里有什么食物，吃饱后三三两两打闹、追逐，饿了或发现有新的美味食物，再结伴聚餐。

（2）非常灵活且狡猾，怕人，活动鬼鬼祟祟出洞时两只前爪在洞边一爬，左瞧右看，确感安全方才出洞，它喜欢在窝—食物—水源之间建立固定路线，以避免危险。

（3）视力敏捷老鼠大多数在夜间活动、觅食，夜间活动的老鼠在很暗光线下能察觉出移动的物体，白天活动的老鼠视力更好。

（4）钻洞本领高家鼠鼠洞很明显，常在墙旮旯里、牲口圈、仓库伙房处。

（5）很强的记忆性和拒食性在熟悉的环境中改变一部分，立即会引起它的警觉，不敢向前，经反复熟悉后方敢向前。如处受过袭击，它会长时间回避此地。

三、老鼠的食物

老鼠的食性很杂，爱吃的东西很多，几乎人们吃的东西它都吃，酸、甜、苦、辣全不怕，但最爱吃的是粮食、瓜子、花生和油榨食品。一只老鼠一年大约可吃掉 9kg 粮食。

四、传播疾病

老鼠是很多疾病的贮存宿主或媒介，已知老鼠对人类传播的疾病有鼠疫、流行性出血热、钩端螺旋体、斑疹伤寒、蜱性回归热等 57 种。

经研究老鼠传播疾病有三个途径：

（1）鼠体外寄生虫作媒介，通过叮咬人体吸血时，将病源体传染给人；

（2）体内带致病微生物的鼠，通过鼠的活动或粪便污染了食物或水源，造成人类食后发病；

（3）老鼠直接咬人或病源体通过外伤侵入而引起感染。

五、防治方法

1. 生态灭鼠

采取各种措施破坏鼠类的适应环境，抑制其繁殖和生长，使其死亡率增高。可结合生产进行深翻、灌溉和造林，以恶化其生存条件。此法必须与其他方法配合，才可奏效。

2. 生物灭鼠

保护鼠类的天敌猫头鹰、黄鼠狼、獾、猫及多数以鼠为主食的蛇，以控制害鼠数量。

3. 器械灭鼠

用鼠夹、捕鼠笼捕鼠。此法不适用于大面积或害鼠密度高的情况。

4. 药物灭鼠

此法效果好收效快，适应范围广，要大面积灭鼠。但要注意选用高效、低毒、低残留、无污染和第二次中毒危险性小，不使害鼠产生生理耐药性的灭鼠剂。（杀鼠灵、甘氟、敌鼠钠盐、毒鼠磷、大隆，如若无效，请多等些时日）

5. 用0.005%溴敌隆毒饵

溴敌隆是第二代抗凝血杀鼠剂，对农田鼠类和家栖鼠类都有较好的效果。

（1）配制毒饵——先用0.5%溴敌隆水剂母液1公斤兑温热水4公斤，充分搅拌后倒入100公斤饵料（可选用小麦或稻谷）中拌匀，待药液吸干后，用塑料薄膜覆盖，闷堆30分钟，然后摊开晾干即可。

（2）制作竹筒毒饵站——用口径 5～6cm 竹筒制成。房舍区毒饵站长 30cm，农田区长 45cm（不计用来遮雨的突出部份）。毒饵站中一般放 25～30 克毒饵。放置 15 天检查一次，发现毒饵减少的要补足。

（3）毒饵站的放置——农舍直接放在墙跟，用小石块固定，每户放 2 个，一个放在猪圈外，一个放在后屋檐下。大田使用应将毒饵站用铁丝固定插入地下，地面与竹筒间留 3～5cm，以免雨水灌入，每亩放置 1 个，沿田埂放置。每季灭鼠放置时间不得少于 20 天，最好 30 天。

（4）注意事项——配制毒饵时要按照规定的操作规程执行，配制毒饵的地方要远离水源和畜禽，不要徒手接触毒饵，剩余的鼠药、毒饵应及时回收保管，不再用的毒饵、含毒垃圾及收集的鼠尸要深埋。

（5）特效解毒剂为维生素 K1。

青少年应该知道的生物知识